EINIGE UNTERSUCHUNGEN

ÜBER

QUADRATISCHE STRAHLENCOMPLEXE.

INAUGURAL-DISSERTATION,

DER

MATHEMATISCHEN UND NATURWISSENSCHAFTLICHEN FACULTÄT

DER

KAISER WILHELMS-UNIVERSITÄT STRASSBURG

ZUR ERLANGUNG DER DOCTORWÜRDE

VORGELEGT VON

CARL ARNOLDT

AUS TILSIT.

STRASSBURG

VERLAG VON KARL J. TRÜBNER

1887.

Die von Plücker in seinem Werke «Neue Geometrie des Raumes, gegründet auf die Betrachtung der geraden Linie als Raumelement» definierten sechs Liniencoordinaten, welche einer quadratischen Bedingungsgleichung genügen, kann man, wie er selbst schon angedeutet hat, verallgemeinern, wenn man denselben auch solche relativen Werte beilegt, die der quadratischen Bedingungsgleichung nicht unterworfen sind. Herr F. Klein hat zuerst von dieser Verallgemeinerung Gebrauch gemacht, in der Abhandlung: «Die allgemeine lineare Transformation der Liniencoordinaten», Mathemat. Annalen, Bd. II; die so verallgemeinerten Liniencoordinaten nennt er Complexcoordinaten, da durch die Verhältnisse derselben ein linearer Complex vollständig festgelegt ist. Diese Complexcoordinaten wendet dann Herr Reye an, in seinem Aufsatze: «Ueber lineare und quadratische Strahlencomplexe und deren Gewebe», Crelle's Journ., Bd. 95; in dieser Abhandlung definiert er die linearen und quadratischen Complexengewebe und leitet aus den Eigenschaften derselben weitere Resultate über lineare und quadratische Complexe ab. Im Bd. 98 des Crelleschen Journals, in der Abhandlung: «Die Hauptarten der quadratischen Strahlencomplexe», giebt derselbe Autor eine Einteilung der allgemeinen quadratischen Strahlencomplexe in Arten; er unterscheidet hyperbolische, parabolische, elliptische und imaginäre Complexe zweiten Grades, und unter den parabolischen und elliptischen Complexen wieder verschiedene Hauptarten. Bei dreien dieser Arten von quadratischen Complexen findet Herr Reye für alle Punkte und Ebenen des Raumes reelle Complexkegel resp. Complexcurven; bei den anderen Arten von Complexen, ausgenommen die Complexe von der Art VII und VI_a (vgl. a. a. O. No. 20 und No. 22), sowie den imaginären Complex, für welchen die Complex-Kegel und -Curven aller Punkte resp.

Ebenen imaginär sind, lässt er es dahingestellt sein, ob dieselben neben den reellen Complex-Kegeln und -Curven für gewisse Teile des Raumes auch imaginäre besitzen.

Wie nun schon Herr F. Klein in seiner Abhandlung: «Zur Theorie der Liniencomplexe ersten und zweiten Grades», Mathem. Annalen, Bd. II, angegeben hat, lässt sich die allgemeine Gleichung des Complexes zweiten Grades mit neunzehn willkürlichen Constanten bei Anwendung der von ihm gefundenen fünfzehn Fundamentaltetraeder auf eine Form bringen, die neben den sechs Quadraten der Liniencoordinaten nur noch die drei Producte von je zwei solchen Coordinaten enthält, die sich auf gegenüberliegende Kanten des Tetraeders beziehen, also auf die Form:

$$(a) \quad \sum_{i=1}^{i=6} a_i x_i^2 + 2\,b_1 x_1 x_4 + 2\,b_2 x_2 x_5 + 2\,b_3 x_3 x_6 = 0.$$

In einer Anmerkung zu der eben erwähnten Abhandlung führt Herr F. Klein noch an, dass von den fünfzehn Fundamentaltetraedern eines oder zwei oder sechs reell sind, je nachdem von den sechs von ihm entdeckten Fundamentalcomplexen höchstens zwei oder vier oder alle sech reell sind; eine Bemerkung, die wir in unsern Ausführungen werden bestätigt finden.

Im Folgenden werden wir nun für jede der von Herrn Reye aufgestellten eilf Arten von Complexen die Gleichung des Complexes anf die erwähnte Form (a) bringen. Aus dieser einfachen Complexgleichung werden wir dann unmittelbar Aufschluss über die Realität gewisser Complex-Kegel und -Curven erhalten, sowie einige Resultate bezüglich der Singularitätenfläche des Complexes ableiten. Endlich werden wir Criterien dafür finden, wie man teils direct aus den Vorzeichen, teils aus der Grössenfolge der Constanten in jedem gegebenen Falle zu erkennen vermag, welcher Art der durch die Gleichung:

$$\sum_{i=1}^{i=6} a_i x_i^2 + 2\,b_1 x_1 x_4 + 2\,b_2 x_2 x_5 + 2\,b_3 x_3 x_6 = 0$$

dargestellte Complex angehört.

Der allgemeine hyperbolische Complex.

I.

Ein Büschel von quadratischen Complexengeweben, welche denselben quadratischen Strahlencomplex enthalten, wird durch die Gleichung dargestellt:

$$(l_1 - \lambda)\, P_1^2 + (l_2 - \lambda)\, P_2^2 + (l_3 - \lambda)\, P_3^2 - (l_4 - \lambda)\, P_4^2 \\ - (l_5 - \lambda)\, P_5^2 - (l_6 - \lambda)\, P_6^2 = 0,$$

worin $l_1, l_2, \ldots l_6$ die Wurzelwerte der Discriminante von

$$\sum_{i,k=1}^{i,k=6} a_{ik} x_i x_k + 2\lambda\, (x_1 x_4 + x_2 x_5 + x_3 x_6) = 0$$

bezeichnen, während λ einen willkührlichen Parameter darstellt. Die P_i sind hierbei lineare Functionen der Complexcoordinaten $x_1, x_2, \ldots x_6$ und sie repräsentieren lineare Complexengewebe, von denen jedes zum Träger den Complex hat, in welchem die fünf anderen sich durchdringen. Nach der Definition ist nun ein hyperbolischer Complex ein solcher, durch welchen nur hyperbolisch Complexengewebe, nicht aber auch elliptische und parabolische gelegt werden können, wir erhalten ihn nur dann, wenn alle sechs Doppelcomplexe des Büschels und also auch die linearen Gewebe $P_1 \ldots . P_6$ (paarweise conjugiert) imaginär sind.

Wir haben demnach für einen Büschel von nur hyperbolischen Complexengeweben die Gleichung:

$$(a_1 + i b_1 - \lambda)\, (A_1 + i B_1)^2 + (a_2 + i b_2 - \lambda)\, (A_2 + i B_2)^2 \\ + (a_3 + i b_3 - \lambda)\, (A_3 + i B_3)^2 + (a_1 - i b_1 - \lambda)\, (A_1 - i B_1)^2 \\ + (a_2 - i b_2 - \lambda)\, (A_2 - i B_2)^2 + (a_3 - i b_3 - \lambda)\, (A_3 - i B_3)^2 = 0.$$

Hierin sind $a_1, b_1, \ldots .$ reelle Constante und $A_1, B_1, \ldots .$ reelle lineare Functionen der Complexcoordinaten, während λ einen willkührlichen Parameter darstellt.

Vereinfacht giebt die obige Gleichung:

$$(a_1 - \lambda) A_1^2 + (a_2 - \lambda) A_2^2 + (a_3 - \lambda) A_3^2 - 2 b_1 A_1 B_1 - 2 b_2 A_2 B_2 - 2 b_3 A_3 B_3 - (a_1 - \lambda) B_1^2 - (a_2 - \lambda) B_2^2 - (a_3 - \lambda) B_3^2 = 0.$$

Für $\lambda = \infty$ erhalten wir die Gleichung des Hauptgewebes:

$$A_1^2 + A_2^2 + A_3^2 - B_1^2 - B_2^2 - B_3^2 = 0.$$

Wir haben also als Gleichung des hyperbolischen Complexes:

$$\text{(I)}\quad a_1 (A_1^2 - B_1^2) + a_2 (A_2^2 - B_2^2) + a_3 (A_3^2 - B_3^2) - 2 b_1 A_1 B_1 - 2 b_2 A_2 B_2 - 2 b_3 A_3 B_3 = 0,$$

wobei:

$$\text{(II)}\quad A_1^2 + A_2^2 + A_3^2 - B_1^2 - B_2^2 - B_3^2 = 0.$$

Der Allgemeinheit wegen setzen wir voraus, dass die linearen Gewebe $A_1 = 0$, $A_2 = 0$, $A_3 = 0$, $B_1 = 0$, $B_2 = 0$ und $B_3 = 0$ keinen Complex mit einander gemein haben; im entgegengesetzten Falle würde der gemeinschaftliche Complex, dessen Coordinaten ja der Gleichung (II) genügen müssten, ein specieller und seine Axe würde ein Doppelstrahl des hyperbolischen Complexes (I) sein, während der allgemeine hyperbolische Complex keinen Doppelstrahl enthält.

II.

Die Gleichungen:

$$A_1 - B_1 = 0, \quad A_2 - B_2 = 0, \quad A_3 - B_3 = 0$$

stellen zusammen ein Complexenbündel dar, welches die Gleichung des Hauptgewebes befriedigt und folglich aus zweifach unendlich vielen speciellen Complexen besteht. Da je zwei dieser Complexe in einem Büschel specieller Complexe liegen, so müssen ihre Axen sich schneiden; die Axen aller jener speciellen Complexe gehen deshalb entweder durch einen Punkt, oder sie liegen in einer Ebene. Die drei linearen Complexe, auf welchen die linearen Gewebe:

$$A_1 - B_1 = 0, \quad A_2 - B_2 = 0, \quad A_3 - B_3 = 0$$

ruhen, gehen durch alle jene Axen, sie haben also entweder ein Strahlenbündel oder ein Strahlenfeld mit einander gemein und sind folglich selbst speciell. Ihre drei Axen aber schneiden sich entweder in dem Mittelpunkte des Bündels oder sie liegen in der Ebene des Feldes, da auch drei specielle Complexe nur in diesem Falle ein Strahlenbündel oder ein Strahlenfeld mit einander gemein haben.

Neben

$$A_1 - B_1 = 0, A_2 - B_2 = 0, A_3 - B_3 = 0$$

erhalten wir noch andere Complexenbündel, z. B.:

$$A_1 + B_1 = 0, A_2 + B_2 = 0, A_3 + B_3 = 0,$$

welche auch der Gleichung des Hauptgewebes genügen und nach dem vorhergehenden aus zweifach unendlich vielen speciellen Complexen bestehen, deren Axen entweder durch einen Punkt gehen oder in einer Ebene liegen. Im folgenden wollen wir daher kurz sagen, die drei Gewebe:

$$(1) \quad A_1 - B_1 = 0, A_2 - B_2 = 0, A_3 - B_3 = 0$$

oder die Gewebe:

$$(2) \quad A_1 + B_1 = 0, A_2 + B_2 = 0, A_3 + B_3 = 0$$

stellen zusammen ein Strahlenbündel oder ein Strahlenfeld dar; das heisst also, die Axen der in ihnen enthaltenen speciellen Complexe bilden dieses Strahlenbündel oder dieses Strahlenfeld. Noch kürzer werden wir auch sagen, die Gewebe (1) oder (2) stellen zusammen einen Punkt oder eine Ebene dar. Die Axen der speciellen Complexe, auf welchen die Gewebe (1) oder (2) ruhen, schneiden sich dann in diesem Punkte resp. liegen in dieser Ebene.

Repräsentieren aber die Gewebe (1) zusammen ein Strahlenbündel, so müssen die Gewebe (2) ein Strahlenfeld darstellen, und umgekehrt. Denn würden sowohl die Gewebe (1) als auch die Gewebe (2) je ein Strahlenbündel [oder ein Strahlenfeld] darstellen, so würden diese beiden Strahlenbündel [oder Strahlenfelder] einen Strahl mit einander gemein haben; dieser Strahl würde die Axe eines speciellen Complexes sein, welcher in allen sechs Geweben (1) und (2), und folglich auch in den Geweben enthalten wäre, welche mit irgend zweien der Gewebe (1) oder (2) in einem Büschel von Complexengeweben liegen, also z. B. in den Geweben:

$$(A_1 + B_1) + (A_1 - B_1) \equiv 2\,A_1 = 0$$

und $$(A_1 + B_1) - (A_1 - B_1) \equiv 2\,B_1 = 0.$$

Die sechs Complexengewebe $A_1 = 0$, $A_2 = 0$, $A_3 = 0$, $B_1 = 0$, $B_2 = 0$ und $B_3 = 0$ würden hiernach einen Complex mit einander gemein haben, ein Fall, welcher durch die in I gemachten Voraussetzungen ausgeschlossen ist.

Die Gewebe:

$$A_1 - B_1 = 0,\ A_2 - B_2 = 0,\ A_3 - B_3 = 0$$

repräsentieren also zusammen einen Punkt (A_1) oder eine Ebene (ε_2) und die Gewebe:

$$A_1 + B_1 = 0,\ A_2 + B_2 = 0,\ A_3 + B_3 = 0$$

eine Ebene (ε_1) oder einen Punkt (A_2). Diese Ebene ε_1 kann nicht durch den Punkt A_1 gehen und der Punkt A_2 kann nicht auf der Ebene ε_2 liegen, da sonst die Complexengewebe $A_1 = 0$, $A_2 = 0$, $A_3 = 0$, $B_1 = 0$, $B_2 = 0$ und $B_3 = 0$ einen Büschel specieller Complexe mit einander gemein haben würden.

Nehmen wir z. B.

$$A_1 - B_1 = 0,\ A_2 - B_2 = 0,\ A_3 - B_3 = 0$$

als Punkt A_1 an, so repräsentieren

$$A_1 + B_1 = 0,\ A_2 + B_2 = 0,\ A_3 + B_3 = 0$$

eine Ebene ε_1 (Fig. 1).

Die Gleichungen:

$$A_1 - B_1 = 0,\ A_2 - B_2 = 0,\ A_3 + B_3 = 0,$$
$$A_2 - B_2 = 0,\ A_3 - B_3 = 0,\ A_1 + B_1 = 0 \text{ und}$$
$$A_3 - B_3 = 0,\ A_1 - B_1 = 0,\ A_2 + B_2 = 0$$

stellen dann Ebenen dar, welche durch den Punkt A_1 gehen und die Ebene ε_1 in den Trägern der speciellen Complexe schneiden, auf die sich die resp. Gewebe $A_3 + B_3 = 0$, $A_1 + B_1 = 0$ und $A_2 + B_2 = 0$ stützen.

Den reciproken Fall erhalten wir, wenn die Gewebe $A_1 - B_1 = 0$, $A_2 - B_2 = 0$ und $A_3 - B_3 = 0$ zusammen eine

Ebene $\varepsilon_1^{\,1}$ darstellen (Fig. 2). Alsdann repräsentieren die Gleichungen $A_1 + B_1 = 0$, $A_2 + B_2 = 0$ und $A_3 + B_3 = 0$ einen Punkt $A_1^{\,1}$, durch welchen die durch

$$A_1 + B_1 = 0,\ A_2 + B_2 = 0,\ A_3 - B_3 = 0,$$
$$A_2 + B_2 = 0,\ A_3 + B_3 = 0,\ A_1 - B_1 = 0 \text{ und}$$
$$A_3 + B_3 = 0,\ A_1 + B_1 = 0,\ A_2 - B_2 = 0$$

dargestellten Ebenen gehen.

III.

Als Gleichung des hyperbolischen Complexes bezüglich eines beliebigen Coordinatentetraeders fanden wir:

$$\text{(I)}\ a_1(A_1^2 - B_1^2) + a_2(A_2^2 - B_2^2) + a_3(A_3^2 - B_3^2) - 2b_1A_1B_1 - 2b_2A_2B_2 - 2b_3A_3B_3 = 0,$$

wobei

$$\text{(II)}\ A_1^2 + A_2^2 + A_3^2 - B_1^2 - B_2^2 - B_3^2 = 0 \text{ ist.}$$

Hierin sind a_1, a_2, a_3, b_1, b_2, b_3 beliebige reelle Constanten und A_1, A_2, A_3, B_1, B_2, B_3 reelle lineare Functionen der Complexcoordinaten. Die Gleichung (I) vereinfacht sich wesentlich, wenn wir als Coordinatentetraeder ein solches einführen, dessen Kanten von den Axen der speciellen Complexengewebe $A_1 \pm B_1 = 0$, $A_2 \pm B_2 = 0$, $A_3 \pm B_3 = 0$ gebildet werden; dabei sind die Axen von $A_i + B_i = 0$ und $A_i - B_i = 0$ als gegenüberliegende Kanten zu nehmen. Wir haben dann zu setzen:

$$A_1 \pm B_1 = \rho_1 x_1;\ A_2 \pm B_2 = \rho_2 x_2;\ A_3 \pm B_3 = \rho_3 x_3;$$
$$A_1 \mp B_1 = \rho_4 x_4;\ A_2 \mp B_2 = \rho_5 x_5;\ A_3 \mp B_3 = \rho_6 x_6;$$

also:

$$A_1 = \frac{\rho_1 x_1 + \rho_4 x_4}{2};\quad A_2 = \frac{\rho_2 x_2 + \rho_5 x_5}{2};\quad A_3 = \frac{\rho_3 x_3 + \rho_6 x_6}{2};$$

$$\pm B_1 = \frac{\rho_1 x_1 - \rho_4 x_4}{2};\pm B_2 = \frac{\rho_2 x_2 - \rho_5 x_5}{2};\pm B_3 = \frac{\rho_3 x_3 - \rho_6 x_6}{2}.$$

Dabei ist $\rho_1 \rho_4 = \rho_2 \rho_5 = \rho_3 \rho_6 = 1$, da die linke Seite der Gleichung des Hauptgewebes:

$$A_1^2 + A_2^2 + A_3^2 - B_1^2 - B_2^2 - B_3^2 = 0$$

bei der Transformation in $x_1 x_4 + x_2 x_5 + x_3 x_6$ übergehen muss.

Die Gleichung (I) verwandelt sich dann in:

$$a_1 x_1 x_4 + a_2 x_2 x_5 + a_3 x_3 x_6 \mp \frac{1}{2} b_1 (\rho_1^2 x_1^2 - \rho_4^2 x_4^2)$$
$$\mp \frac{1}{2} b_2 (\rho_2^2 x_2^2 - \rho_5^2 x_5^2) \mp \frac{1}{2} b_3 (\rho_3^2 x_3^2 - \rho_6^2 x_6^2) = 0.$$

Setzen wir für $\frac{1}{2} b_1^2 \rho_1^2$, $\frac{1}{2} b_2^2 \rho_2^2$, ... einfache Constanten, so ergiebt sich als Gleichung des hyperbolischen Complexes:

$$\text{(III)} \quad \alpha_1 x_1^2 + \alpha_2 x_2^2 + \alpha_3 x_3^2 - \alpha_4 x_4^2 - \alpha_5 x_5^2 - \alpha_6 x_6^2 + 2 \beta_1 x_1 x_4 + 2 \beta_2 x_2 x_5 + 2 \beta_3 x_3 x_6 = 0.$$

Hierin müssen α_i und α_{i+3}, für $i = 1, 2$ und 3, gleiches Vorzeichen haben.

Nimmt man die Constanten $\alpha_1 \ldots \alpha_6$ sämmtlich als positiv an, so kann die Gleichung stets auf eine der Formen gebracht werden:

$$(\text{IV}_a) \quad \alpha_1 x_1^2 + \alpha_2 x_2^2 + \alpha_3 x_3^2 - \alpha_4 x_4^2 - \alpha_5 x_5^2 - \alpha_6 x_6^2 + 2 \beta_1 x_1 x_4 + 2 \beta_2 x_2 x_5 + 2 \beta_3 x_3 x_6 = 0.$$

$$(\text{IV}_b) \quad \alpha_1 x_1^2 + \alpha_2 x_2^2 - \alpha_3 x_3^2 - \alpha_4 x_4^2 - \alpha_5 x_5^2 + \alpha_6 x_6^2 + 2 \beta_1 x_1 x_4 + 2 \beta_2 x_2 x_5 + 2 \beta_3 x_3 x_6 = 0.$$

$$(\text{IV}_c) \quad \alpha_1 x_1^2 - \alpha_2 x_2^2 - \alpha_3 x_3^2 - \alpha_4 x_4^2 + \alpha_5 x_5^2 + \alpha_6 x_6^2 + 2 \beta_1 x_1 x_4 + 2 \beta_2 x_2 x_5 + 2 \beta_3 x_3 x_6 = 0.$$

IV.

Die Realität der Complexkegel.

Die Gleichungen (IV) geben uns einigen Aufschluss über die Realität der Complexkegel. Nehmen wir als Gleichung des hyperbolischen Complexes etwa die Gleichung (IV_a) an, so folgt unmittelbar, dass wir für den Punkt A_1 (Fig. 3) oder $x_1 = 0$, $x_2 = 0$, $x_3 = 0$ und für die gegenüberliegende Ebene ε_1 oder $x_4 = 0$, $x_5 = 0$, $x_6 = 0$ einen imaginären Complexkegel resp. eine imaginäre Complexcurve erhalten. Denn für $x_1 = 0$, $x_2 = 0$, $x_3 = 0$ z. B. ergiebt sich aus (IV_a):

$$\alpha_4 x_4^2 + \alpha_5 x_5^2 + \alpha_6 x_6^2 = 0,$$

eine Gleichung, welcher durch keine reellen Werte von x_4, x_5, x_6 genügt werden kann, da die Constanten α_i sämmtlich positiv sind. Hieraus folgt (siehe Herrn Reye Crelle's Journ., Bd. 98, S. 293), dass alle durch A_1 gehenden Ebenen und alle Punkte von ε_1 reelle Complexcuren resp. reelle Complexkegel besitzen. Für die Ebenen ε_2, ε_3 und ε_4, sowie für die Punkte A_2, A_3 und A_4 ergiebt sich letzteres auch direct aus der Gleichung des hyperbolischen Complexes. Für die Ebene ε_2 oder $x_2 = 0$, $x_3 = 0$, $x_4 = 0$ z. B. erhalten wir aus (IV_a):

$$\alpha_1 x_1^2 - \alpha_5 x_5^2 - \alpha_6 x_6^2 = 0,$$

eine Gleichung, welche stets durch reelle Werthe von x_1, x_5 und x_6 befriedigt werden kann, und ebenso ergiebt sich, wenn man z. B. $x_1 = 0$, $x_5 - 0$, $x_6 = 0$ in die Gleichung (IV_a) einsetzt, dass A_2 einen reellen Complexkegel besitzt.

Hieraus lassen sich einige Folgerungen bezüglich der Singularitätenfläche ziehen. Da der Punkt A_1 einen imaginären Complexkegel besitzt, während die Complexkegel aller Punkte der Ebene ε_1 reell sind, so trennt ein Mantel der Singularitätenfläche den Punkt A_1 von der gegenüberliegenden Ebene ε_1. Jede Gerade, welche durch A_1 geht, hat mit der Singularitätenfläche zwei Punkte gemein, deren Complexkegel in je zwei imaginäre Ebenen zerfallen. Alle Punkte, welche von dem Mantel der Singularitätenfläche umschlossen sind, der den Punkt A_1 von der gegenüberliegenden Ebene ε_1 trennt, besitzen imaginäre Complexkegel. Es ergiebt sich noch, dass alle Geraden der Ebene ε_1 von den Complexkegeln ihrer Punkte ausgeschlossen werden, da die Complexcurve der Ebene imaginär ist, und dass der Punkt A_1 von den Complexcurven aller durch ihn gehenden Ebenen eingeschlossen wird.

Aus den in III aufgestellten Gleichungen (IV_b) und (IV_c) lässt sich ebenso wie vorher ableiten, dass stets ein Eckpunkt des Coordinatentetraeders einen imaginären Complexkegel und dass die gegenüberliegende Ebene eine imaginäre Complexcurve besitzt, woraus man dann wieder wie oben schliessen kann, dass dieser Eckpunkt von der gegenüberliegenden Ebene durch einen Mantel der Singularitätenfläche getrennt wird. Alle Punkte, welche von diesem Mantel umschlossen sind, besitzen imaginäre Complexkegel. Wir haben demnach den Satz:

«Beim hyperbolischen Complex giebt es immer einen von einem Mantel der Singularitätenfläche umschlossenen Raum, dessen Punkte imaginäre Complexkegel besitzen.»

Wenn wir beim hyperbolischen Complex eine andere Wahl des Coordinatentetraeders treffen und etwa die Axen der speciellen Complexe, auf welchen die Gewebe: $A_1 \pm B_2 = 0$, $A_2 \pm B_1 = 0$, $A_3 \pm B_3 = 0$ ruhen, als Kanten annehmen, so ergiebt sich keine Vereinfachung der Complexgleichung.

Wie Herr F. Klein bewiesen hat (Mathem. Annalen, Bd. II, S. 222), lässt sich die allgemeine Gleichung des quadratischen Complexes nur bei Anwendung eines der von ihm entdeckten fünfzehn Fundamentaltetraeder auf die Form:

$$(a) \sum_{i=1}^{i=6} a_i x_i^2 + 2 b_1 x_1 x_4 + 2 b_2 x_2 x_5 + 2 b_3 x_3 x_6 = 0$$

bringen. Das von uns benutzte Coordinatentetraeder, dessen Kanten die speciellen Complexe sind, auf welchen die Gewebe $A_1 \pm B_1 = 0$, $A_2 \pm B_2 = 0$, $A_3 \pm B_3 = 0$ ruhen, ist demnach eines der fünfzehn Fundamentaltetraeder des quadratischen Complexes. Je zwei gegenüberstehende Kanten desselben sind daher gegenseitig einander entsprechende Polaren des Complexes; das angewendete Coordinaltetraeder ist folglich Poltetraeder der Complexkegel seiner Ecken, und die drei Kanten, welche in jeder Fläche des Tetraeders liegen, bilden ein Poldreieck der in dieser Fläche liegenden Complexcurve.

Da alle sechs Fundamentalcomplexe beim hyperbolischen Complex imaginär sind, so giebt es nur ein Coordinatentetraeder und zwar das von uns angewendete, für welches die Gleichung des Complexes die Form (a) annimmt.

Der [parabolische] Complex zweiter Art.

Dieselben Betrachtungen, wie beim hyperbolischen Complex, können wir auch anstellen, wenn nicht alle sechs Doppelcomplexe imaginär sind, sondern etwa nur vier.

Wir hatten

$$(l_1 - \lambda) P_1^2 + (l_2 - \lambda) P_2^2 + (l_3 - \lambda) P_3^2 - (l_4 - \lambda) P_4^2 - (l_5 - \lambda) P_5^2 - (l_6 - \lambda) P_6^2 = 0$$

als Gleichung des Büschels von Complexengeweben, welche denselben quadratischen Complex enthalten. Es seien nun etwa die Constanten l_1 und l_4 reell, die anderen l_2 und l_5, l_3 und l_6 conjugiert imaginär, also

$$l_2 = a_2 + i b_2;\ l_5 = a_2 - i b_2,$$
$$l_3 = a_3 + i b_3;\ l_6 = a_3 - i b_3.$$

Für $\lambda = l_1$ und $\lambda = l_4$ haben wir zwei reelle Doppelcomplexe, auf welche sich die resp. linearen Gewebe $P_1 = 0$ und $P_4 = 0$ stützen; diese Gewebe sind folglich auch reell. Die anderen linearen Gewebe $P_2 = 0$ und $P_5 = 0$, $P_3 = 0$ und $P_6 = 0$ müssen aber paarweise conjugiert imaginär sein, weil ihre Träger es sind.

Wir haben demnach als Gleichung des Büschels:

$$(l_1 - \lambda) P_1^2 + (a_2 + i b_2 - \lambda)(A_2 + i B_2)^2 + (a_3 + i b_3 - \lambda)(A_3 + i B_3)^2$$
$$- (l_4 - \lambda) P_4^2 + (a_2 - i b_2 - \lambda)(A_2 - i B_2)^2$$
$$+ (a_3 - i b_3 - \lambda)(A_3 - i B_3)^2 = 0$$

oder

$$(l_1 - \lambda) P_1^2 - (l_4 - \lambda) P_4^2 + 2(a_2 - \lambda)(A_2^2 - B_2^2)$$
$$+ 2(a_3 - \lambda)(A_3^2 - B_3^2) - 4 b_2 A_2 B_2 - 4 b_3 A_3 B_3 = 0.$$

Nehmen wir die 2 in die Quadrate hinein und setzen P_2 statt $\sqrt{2}$ etc., so ergiebt sich als Gleichung des Complexes zweiter Art:

$$(1)\quad l_1 P_1^2 - l_4 P_4^2 + a_2 (P_2^2 - P_5^2) + a_3 (P_3^2 - P_6^2)$$
$$- 2 b_2 P_2 P_5 - 2 b_3 P_3 P_6 = 0,$$

worin l_1, l_4, a_2, a_3, b_2 und b_3 sämmtlich reelle Constanten und $P_1 \dots . P_6$ reelle lineare Functionen der Complexordinaten sind.

$$P_1^2 + P_2^2 + P_3^2 - P_4^2 - P_5^2 - P_6^2 = 0$$

stellt die Gleichung des Hauptgewebes dar. Wenden wir wieder wie beim hyperbolischen Complex das Coordinatentetraeder an, dessen Kanten die Axen der speciellen Complexe sind, auf welchen die Gewebe $P_1 \pm P_4 = 0$, $P_2 \pm P_5 = 0$, $P_3 \pm P_6 = 0$ ruhen und setzen demgemäss:

$$P_1 \pm P_4 = \rho_1 x_1;\ P_2 \pm P_5 = \rho_2 x_2;\ P_3 \pm P_6 = \rho_3 x_3;$$
$$P_1 \mp P_4 = \rho_4 x_4;\ P_2 \mp P_5 = \rho_5 x_5;\ P_3 \mp P_6 = \rho_6 x_6;$$

also $2P_1 = \rho_1 x_1 + \rho_4 x_4$; $\mp 2P_4 = \rho_1 x_1 - \rho_4 x_4$; etc., so erhalten wir aus Gleichung (1):

$$l_1 (\rho_1 x_1 + \rho_4 x_4)^2 - l_4 (\rho_1 x_1 - \rho_4 x_4)^2 + 4 a_2 \rho_2 \rho_5 x_2 x_5 + 4 a_3 \rho_3 \rho_6 x_3 x_6$$
$$\mp 2 b_2 (\rho_2^2 x_2^2 - \rho_5^2 x_5^2) \mp 2 b_3 (\rho_3^2 x_3^2 - \rho_6^2 x_6^2) = 0$$

oder, da $\rho_1 \rho_4 = \rho_2 \rho_5 = \rho_3 \rho_6 = 1$ ist,

$$\rho_1^2 (l_1 - l_4) x_1^2 + \rho_4^2 (l_1 - l_4) x_4^2 + 2 (l_1 + l_4) x_1 x_4$$
$$+ 4 a_2 x_2 x_5 + 4 a_3 x_3 x_6 \mp 2 b_2 (\rho_2^2 x_2^2 - \rho_5^2 x_5^2)$$
$$\mp 2 b_3 (\rho_3^2 x_3^2 - \rho_6^2 x_6^2) = 0.$$

Wenn wir für die Constanten einfachere Bezeichnungen einführen und mit $\alpha_1 \ldots . \alpha_6$ positive Constanten bezeichnen, so können wir daher die Gleichung des Complexes zweiter Art immer auf eine der Formen bringen:

$$\text{(I)} \quad \alpha_1 x_1^2 + \alpha_2 x_2^2 + \alpha_3 x_3^2 + \alpha_4 x_4^2 - \alpha_5 x_5^2 - \alpha_6 x_6^2 + 2\beta_1 x_1 x_4 + 2\beta_2 x_2 x_5 + 2\beta_3 x_3 x_6 = 0,$$

$$\text{(I}_a\text{)} \quad \alpha_1 x_1^2 - \alpha_2 x_2^2 - \alpha_3 x_3^2 + \alpha_4 x_4^2 + \alpha_5 x_5^2 + \alpha_6 x_6^2 + 2\beta_1 x_1 x_4 + 2\beta_2 x_2 x_5 + 2\beta_3 x_3 x_6 = 0,$$

$$\text{(I}_b\text{)} \quad \alpha_1 x_1^2 + \alpha_2 x_2^2 - \alpha_3 x_3^2 + \alpha_4 x_4^2 - \alpha_5 x_5^2 + \alpha_6 x_6^2 + 2\beta_1 x_1 y_4 + 2\beta_2 x_2 x_5 + 2\beta_3 x_3 x_6 = 0,$$

$$\text{(I}_c\text{)} \quad \alpha_1 x_1^2 - \alpha_2 x_2^2 + \alpha_3 x_3^2 + \alpha_4 x_4^2 + \alpha_5 x_5^2 - \alpha_6 x_6^2 + 2\beta_1 x_1 x_4 + 2\beta_2 x_2 x_5 + 2\beta_3 x_3 x_6 = 0.$$

Die Quadrate von zwei Coordinaten x_i und x_{i+3}, für $i = 1, 2, 3$, in unserm Falle x_1^2 und x_4^2, kommen also immer mit demselben Zeichen vor, während die Quadrate der übrigen Coordinaten, in unserm Falle x_2^2 und x_5^2, sowie x_3^2 und x_6^2, stets mit entgegengesetztem Zeichen in die Complexgleichung eingehen.

Nach Gleichung (I) erhalten wir für die Ebene ε_1 $[x_4 = 0,\ x_5 = 0,\ x_6 = 0]$ eine imaginäre, für ε_2, ε_3 und ε_4 reelle Complexcurven (Fig. 3); A_2 hat einen imaginären, A_1, A_3 und A_4 besitzen reelle Complexkegel. Da beim parabolischen Complex jede durch einen Punkt mit imaginärem Complexkegel gehende Gerade zwei reelle Punkte mit der Singularitätenfläche des Complexes gemein hat, so wird der Punkt A_2 von einem Mantel dieser Fläche umschlossen, innerhalb dessen alle Punkte imaginäre Complexkegel besitzen.

Alle Geraden von ε_1 werden von den Complexkegeln aller ihrer Punkte ausgeschlossen, und der Punkt A_2 liegt innerhalb der Complexcurven aller durch ihn gehenden Ebenen.

Den zu dem vorhergehenden reciproken Fall erhalten wir, wenn die Gleichung des Complexes zweiter Art die Form (I_a) annimmt. Alsdann hat nämlich ε_1 (Fig. 3) eine reelle Complexcurve, dagegen der gegenüberliegende Eckpunkt des Tetraeders einen imaginären Complexkegel; A_2 besitzt einen reellen Complexkegel, während die Complexcurve der gegenüberliegenden Ebene ε_2 imaginär ist. A_1 wird daher von den reellen Complexcurven der durch ihn gehenden Ebenen eingeschlossen und ε_2 schneidet keinen von den reellen Complexkegeln ihrer Punkte.

Ebenso wie vorher ergiebt sich, dass in diesem Falle der Punkt A_1 von einem durch einen Mantel der Singularitätenfläche des Complexes begrenzten Raum umgeben ist, dessen Punkte imaginäre Complexkegel besitzen.

Aus den Gleichungen (I_b) und (I_c), welche ebenso wie die Gleichungen (I) und (I_a) zwei reciproke Fälle darstellen, ergiebt sich ebenfalls immer für eine Fläche des Coordinatentetraeders eine imaginäre Complexcurve und für einen auf dieser Fläche liegenden Eckpunkt ein imaginärer Complexkegel. Wie beim hyperbolischen Complex ergiebt sich demnach der Satz:

«Der Complex zweiter Art enthält allemal nicht allein reelle, sondern auch imaginäre Complexkegel und Complexcurven.»

Wir haben gefunden, dass beim Complex zweiter Art Ebenen mit imaginären Complexcurven existieren, während die Complexkegel der Punkte dieser Ebenen teils reell, teils imaginär sind, und dass die Ebenen, welche durch einen Punkt mit imaginärem Complexkegel gehen, teils reelle, teils imaginäre Complexcurven enthalten. Wir haben hier also den folgenden Unterschied zwischen hyperbolischen Complexen und Complexen zweiter Art: Bei den hyperbolischen Complexen haben alle diejenigen Ebenen reelle Complexcurven, welche durch einen Punkt mit imaginärem Complexkegel gehen, und ebenso sind die Complexkegel aller Punkte einer Ebene mit imaginärer Complexcurve reell; bei den Complexen zweiter Art dagegen haben die Ebenen, welche durch einen gewissen Punkt mit imaginärem Complexkegel gehen, teils imaginäre, teils reelle Complexcurven und die Complexkegel einer gewissen Ebene mit imaginärer Complexcurve sind teils reell, teils imaginär.

Der [parabolische] Complex dritter und der [elliptische] Complex vierter Art.

Wenn nur zwei Wurzeln der Discriminante, etwa l_3 und l_6, [conjugiert] imaginär sind, so erhalten wir als Gleichung des Büschels von Complexengeweben, welche denselben quadratischen Complex enthalten:

$$(l_1 - \lambda) P_1^2 + (l_2 - \lambda) P_2^2 - (l_4 - \lambda) P_4^2 - (l_5 - \lambda) P_5^2 + (a_3 + i b_3 - \lambda) (A_3 + i B_3)^2 + (a_3 - i b_3 - \lambda) (A_3 - i B_3)^2 = 0$$

oder

$$(1) \quad (l_1 - \lambda) P_1^2 + (l_2 - \lambda) P_2^2 - (l_4 - \lambda) P_4^2 - (l_5 - \lambda) P_5^2 + 2 (a_3 - \lambda) (A_3^2 - B_3^2) - 4 b_3 A_3 B_3 = 0.$$

In dieser Gleichung sind die Gleichungen der Complexe dritter und vierter Art enthalten.

Um nun entscheiden zu können, in welcher Weise die Art des in dem Büschel (1) enthaltenen Complexes von der Grössenfolge der Constanten der Gleichung (1) abhängt, bringen wir die letztere auf die Form:

$$(2) \quad (l_1 - \lambda) P_1^2 + (l_2 - \lambda) P_2^2 - (l_4 - \lambda) P_4^2 - (l_5 - \lambda) P_5^2 + \frac{1}{b_3} [b_3 (A_3 - B_3) + (a_3 - \lambda) (A_3 - B_3)]^2 - \frac{1}{b_3} [b_3^2 + (a_3 - \lambda)^2] (A_3 + B_3)^2 = 0.$$

In dieser Form enthält die Gleichung nur noch die algebraische Summe von sechs mit willkührlichen Constanten multiplicierten Quadraten linearer Functionen der Complexcoordinaten; man kann daher für jeden beliebigen Wert von λ die Art des durch die Gleichung (2) dargestellten Gewebes angeben.

Wie nun leicht ersichtlich, ist die Art des in dem Büschel (2) enthaltenen Complexes von den Constanten a_3 und b_3 unabhängig. Denn die beiden letzten Glieder der Gleichung (2), in denen allein a_3 und b_3 vorkommen, behalten ihr Zeichen bei, welche Werte auch λ annehmen möge. Es genügt also, die Grössenfolge der Constanten l_1, l_2, l_4 und l_5 zu betrachten, um über die Art des in dem Büschel (2) enthaltenen Complexes Aufschluss zu erhalten. Wenn nun l_1 und $l_2 > l_4$ und l_5, oder wenn l_4 und $l_5 > l_1$ und l_2, so enthält der Complexenbüschel (2) neben hyperbolischen und parabolischen Geweben stets auch elliptische Gewebe. Ist etwa $l_5 > l_4 > l_1 > l_2$, so stellt die Gleichung (2) für alle Werte von λ zwischen l_4 und l_1 elliptische Gewebe dar. Der in dem Complexenbüschel (2) enthaltene Complex ist folglich elliptisch und von der vierten Art.

In allen den Fällen, in welchen die Constanten l_1 und l_2 nicht beide grösser oder beide kleiner als l_4 und l_5 sind, stellt die Gleichung (2) für alle Werte von λ zwischen $-\infty$ und $+\infty$ nur hyperbolische oder parabolische Gewebe dar; der in diesen Geweben enthaltene Complex ist also parabolisch und von der dritten Art.

Wir gehen jetzt dazu über, die Gleichung der Complexe dritter und vierter Art durch Anwendung geeigneter Coordinatentetraeder auf die Form:

$$\text{(a)} \sum_{i=1}^{i=6} a_i x_i^2 + 2 b_1 x_1 x_4 + 2 b_2 x_2 x_5 + 2 b_3 x_3 x_6 = 0$$

zu bringen.

Setzt man in Gleichung (1) P_3 statt $\sqrt{2}\, A_3$ und P_6 statt $\sqrt{2}\, B_3$, so sind die Gleichungen der Complexe dritter und vierter Art enthalten in:

$$\text{(3)}\ l_1 P_1^2 + l_2 P_2^2 - l_4 P_4^2 - l_5 P_5^2 + a_3 (P_3^2 - P_6^2) - 2 b_3 P_3 P_6 = 0,$$

wobei

$$\text{(4)}\ P_1^2 + P_2^2 + P_3^2 - P_4^2 - P_5^2 - P_6^2 = 0 \text{ ist.}$$

Da die Gleichung (3) neben den Quadraten $P_1^2 \ldots . P_6^2$ nur ein Product $[P_3 . P_6]$ enthält, so können wir zwei Coordinatentetraeder anwenden, um zu der vereinfachten Form (a) der Complexgleichung zu gelangen (vergl. Herrn F. Klein, Math. Annal., Bd. II, S. 206). Wir erhalten diese beiden Coordinatentetraeder, wenn wir die Axen der speciellen Complexe, auf welchen die Gewebe $P_1 \pm P_4 = 0$, $P_2 \pm P_5 = 0$, $P_3 \pm P_6 = 0$ und $P_1 \pm P_5 = 0$, $P_2 \pm P_4 = 0$, $P_3 \pm P_6 = 0$ ruhen, als Kanten annehmen, wobei die Axen der Träger von je zwei Complexengeweben $P_i + P_k$ und $P_i - P_k$ immer als gegenüberstehende Kanten des Tetraeders zu nehmen sind.

I. Nehmen wir die Axen der speciellen Complexe, auf welchen die Gewebe $P_1 \pm P_4 = 0$, $P_2 \pm P_5 = 0$, $P_3 \pm P_6 = 0$ ruhen, als Kanten des Coordinatentetraeders an, so haben wir zu setzen:

$$P_1 \pm P_4 = \rho_1 x_1, \quad P_1 \mp P_4 = \rho_4 x_4, \text{ etc.}$$

Die Gleichung (3) geht dann über in:

$$l_1 (\rho_1 x_1 + \rho_4 x_4)^2 + l_2 (\rho_2 x_2 + \rho_5 x_5)^2 - l_4 (\rho_1 x_1 - \rho_4 x_4)^2 - l_5 (\rho_2 x_2 - \rho_5 x_5)^2 + 4 a_3 \rho_3 \rho_6 x_3 x_6 \mp 2 b_3 (\rho_3^2 x_3^2 - \rho_6^2 x_6^2) = 0$$

oder

$$(5) \quad (l_1 - l_4) \rho_1^2 x_1^2 + (l_2 - l_5) \rho_2^2 x_2^2 \mp 2 b_3 \rho_3^2 x_3^2 + (l_1 - l_4) \rho_4^2 x_4^2 + (l_2 - l_5) \rho_5^2 x_5^2 \pm 2 b_3 \rho_6^2 x_6^2 + 2 (l_1 + l_4) x_1 x_4 + 2 (l_2 + l_5) x_2 x_5 + 4 a_3 x_3 x_6 = 0.$$

II. Nehmen wir als Kanten des Coordinatentetraeders die Axen der speciellen Complexe an, auf welchen die Gewebe $P_1 \pm P_5 = 0$, $P_2 \pm P_4 = 0$, $P_3 \pm P_6 = 0$ ruhen, setzen wir also:

$$P_1 \pm P_5 = \rho_1 x_1; \quad P_2 \pm P_4 = \rho_2 x_2; \quad P_3 \pm P_6 = \rho_3 x_3;$$
$$P_1 \mp P_5 = \rho_4 x_4; \quad P_2 \mp P_4 = \rho_5 x_5; \quad P_3 \mp P_6 = \rho_6 x_6,$$

so ergiebt sich aus Gleichung (3) nach einigen Umformungen:

$$(6) \quad (l_1 - l_5) \rho_1^2 x_1^2 + (l_2 - l_4) \rho_2^2 x_2^2 \mp 2 b_3 \rho_3^2 x_3^2 + (l_1 - l_5) \rho_4^2 x_4^2 + (l_2 - l_4) \rho_5^2 x_5^2 \pm 2 b_3 \rho_6^2 x_6^2 + 4 a_3 x_3 x_6 + 2 (l_1 + l_5) x_1 x_4 + 2 (l_2 + l_4) x_2 x_5 = 0.$$

Für l_1 und $l_2 > l_4$ und l_5 und für l_4 und $l_5 > l_1$ und l_2 erhalten wir, wie oben gefunden wurde, den Complex von der vierten Art. Aus den Gleichungen (5) und (6) ergiebt sich unmittelbar, dass seine Gleichung sich bei Anwendung der beiden oben angegebenen Coordinatentetraeder auf eine der Formen bringen lässt:

$$(I)\ \alpha_1 x_1^2 + \alpha_2 x_2^2 + \alpha_3 x_3^2 + \alpha_4 x_4^2 + \alpha_5 x_5^2 - \alpha_6 x_6^2 + 2\beta_1 x_1 x_4 + 2\beta_2 x_2 x_5 + 2\beta_3 x_3 x_6 = 0$$

oder

$$(I_a)\ \alpha_1 x_1^2 + \alpha_2 x_2^2 - \alpha_3 x_3^2 + \alpha_4 x_4^2 + \alpha_5 x_5^2 + \alpha_6 x_6^2 + 2\beta_1 x_1 x_4 + 2\beta_2 x_2 x_5 + 2\beta_3 x_3 x_6 = 0,$$

worin die Constanten $\alpha_1 \dots \alpha_6$ gleiches Vorzeichen besitzen.

In Gleichung (5) haben wir dabei gesetzt:

$$(l_1 - l_4)\rho_1^2 = \alpha_1;\ (l_1 - l_4)\rho_4^2 = \alpha_4;\ l_1 + l_4 = \beta_1;\ \text{also } (l_1 - l_4)^2 \rho_1^2 \rho_4^2 = \alpha_1 \alpha_4,\ \text{oder da } \rho_1 \rho_4 = 1 \text{ ist, } l_1 - l_4 = \sqrt{\alpha_1 \alpha_4},\ \text{folglich}$$

$$2 l_1 = \beta_1 + \sqrt{\alpha_1 \alpha_4};\ 2 l_4 = \beta_1 - \sqrt{\alpha_1 \alpha_4};$$

ferner wurde gesetzt:

$$(l_2 - l_5)\rho_2^2 = \alpha_2;\ (l_2 - l_5)\rho_5^2 = \alpha_5;\ l_2 + l_5 = \beta_2;$$

$$\text{also } 2 l_2 = \beta_2 + \sqrt{\alpha_2 \alpha_5};\ 2 l_5 = \beta_2 - \sqrt{\alpha_2 \alpha_5}.$$

In Gleichung (6) aber wurde gesetzt:

$$(l_1 - l_5)\rho_1^2 = \alpha_1;\ (l_1 - l_5)\rho_4^2 = \alpha_4;\ l_2 + l_5 = \beta_1 \quad \text{und}$$

$$(l_2 - l_4)\rho_2^2 = \alpha_2;\ (l_2 - l_4)\rho_5^2 = \alpha_5;\ l_2 + l_4 = \beta_2,$$

$$\text{also } 2 l_1 = \beta_1 + \sqrt{\alpha_1 \alpha_4};\ 2 l_5 = \beta_1 - \sqrt{\alpha_1 \alpha_4}$$

$$\text{und } 2 l_2 = \beta_2 + \sqrt{\alpha_2 \alpha_5};\ 2 l_4 = \beta_2 - \sqrt{\alpha_2 \alpha_5}.$$

Hat die Gleichung des Complexes die Form (I), so erhalten wir für A_1 und A_4 (Fig. 3) reelle, für A_2 und A_3 imaginäre Complexkegel; ε_1 und ε_4 haben imaginäre, ε_2 und ε_3 reelle Complexcurven. Die Punkte A_2 und A_3 werden daher von den Complexcurven der Ebenen ε_3 resp. ε_2 eingeschlossen. Die Singularitätenfläche trennt die Punkte A_1 und A_4 von den Punkten A_2 und A_3.

Die Gleichung (I_a) repräsentiert den zu (I) reciproken Fall: Die Complexkegel von A_1 und A_4 sind imaginär, diejenigen von A_2 und A_3 reell; ε_2 und ε_3 haben imaginäre, ε_1 und ε_4 reelle Complexcurven. Die Singularitätenfläche trennt also wieder die Punkte A_1 und A_4 von den Punkten A_2 und A_3.

Es ergiebt sich demnach: «Der [elliptische] Complex vierter Art enthält stets reelle und imaginäre Complexkegel und Complexcurven».

Sind die Constanten l_1 und l_2 nicht beide grösser oder beide kleiner als l_4 und l_5, so erhalten wir, wie oben bewiesen wurde, Complexe dritter Art.

Hier haben wir nun zwei Fälle zu unterscheiden.

A. Wenn die Constanten l_1 und l_2 von einander in der Grössenfolge durch l_4 oder l_5 und ebenso diese durch jene getrennt sind, wenn also etwa $l_1 > l_4 > l_2 > l_5$ oder wenn $l_4 > l_2 > l_5 > l_1$, so lässt sich die Gleichung des Complexes dritter Art entweder nach Gleichung (5) oder nach Gleichung (6) auf eine der beim Complex vierter Art gefundenen Formen (I) oder (I_a) bringen. Ist z. B. $l_4 > l_2 > l_5 > l_1$, so nimmt die Gleicbung (5) eine der Formen an:

$$(II) \quad -\alpha_1 x_1^2 + \alpha_2 x_2^2 + \alpha_3 x_3^2 - \alpha_4 x_4^2 + \alpha_5 x_5^2 - \alpha_6 x_6^2 + 2\beta_1 x_1 x_4 + 2\beta_2 x_2 x_5 + 2\beta_3 x_3 x_6 = 0$$

oder

$$(II_a) \quad -\alpha_1 x_1^2 + \alpha_2 x_2^2 - \alpha_3 x_3^2 - \alpha_4 x_4^2 + \alpha_5 x_5^2 + \alpha_6 x_6^2 + 2\beta_1 x_1 x_4 + 2\beta_2 x_2 x_5 + 2\beta_3 x_3 x_6 = 0.$$

Hierin sind die Constanten $\alpha_1 \ldots . \alpha_6$ sämmtlich positiv; dabei ist gesetzt:

$$\rho_1^2 (l_4 - l_1) = \alpha_1; \; \rho_4^2 (l_4 - l_1) = \alpha_4; \; l_4 + l_1 = \beta_1$$

$$\text{und } \rho_2^2 (l_2 - l_5) = \alpha_2; \; \rho_5^2 (l_2 - l_5) = \alpha_5; \; l_2 + l_5 = \beta_2;$$

$$\text{also } 2l_1 = \beta_1 - \sqrt{\alpha_1 \alpha_4}; \; 2l_4 = \beta_1 + \sqrt{\alpha_1 \alpha_4}$$

$$\text{und } 2l_2 = \beta_2 + \sqrt{\alpha_2 \alpha_5}; \; 2l_5 = \beta_2 - \sqrt{\alpha_2 \alpha_5}.$$

Aus den Gleichungen (II) und (II_a) ergiebt sich die Realität der Complexkegel sämmtlicher Ecken und der Complexcurven aller Flächen des angewendeten Coordinatentetraeders.

Die Gleichung (6) aber nimmt für $l_4 > l_2 > l_5 > l_1$ eine der Formen (I) oder (I_a) an; zwei Eckpunkte und zwei Flächen des hierbei angewendeten Coordinatentetraeders besitzen demnach imaginäre Complexkegel resp. Complexcurven.

Wir schliessen nun wie folgt: Für die im Falle A betrachtete Grössenfolge der Constanten l_1, l_2, l_4 und l_5 können wir nur Complexe dritter Art, also entweder Complexe von der Art III_a oder Complexe von der Art III_b erhalten; die Complexe von der Art III_b enthalten nur reelle Complexkegel und -Curven; im vorliegenden Falle erhalten wir ausser reellen Complexkegeln und -Curven immer auch imaginäre; folglich gehören die für den Fall A erhaltenen Complexe zur Art III_a. Zugleich ergiebt sich: «Die Complexe von der Art III_a enthalten stets nicht nur reelle, sondern auch imaginäre Complexkegel und -Curven».

B. Wir erhalten endlich den Complex von der Art III_b, wenn l_1 von l_2 in der Grössenfolge durch l_4 und l_5 oder wenn l_4 von l_5 in der Grössenfolge durch l_1 und l_2 getrennt sind, wenn also z. B. $l_1 > l_4$ und l_5, und letztere $> l_2$. Sowohl aus Gleichung (5) als aus Gleichung (6) ergeben sich für diesen Fall die beiden Gleichungsformen:

$$\text{(III)} \quad \alpha_1 x_1^2 - \alpha_2 x_2^2 + \alpha_3 x_3^2 + \alpha_4 x_4^2 - \alpha_5 x_5^2 - \alpha_6 x_6^2 + 2\beta_1 x_1 x_4 + 2\beta_2 x_2 x_5 + 2\beta_3 x_3 x_6 = 0$$

und

$$\text{(III}_a\text{)} \quad \alpha_1 x_1^2 - \alpha_2 x_2^2 - \alpha_3 x_3^2 + \alpha_4 x_4^2 - \alpha_5 x_5^2 + \alpha_6 x_6^2 + 2\beta_1 x_1 x_4 + 2\beta_2 x_2 x_5 + 2\beta_3 x_3 x_6 = 0,$$

worin die α_i wiederum positive Constante sind; dabei ist in Gleichung (5) gesetzt:

$$(l_1 - l_4)\,\rho_1^2 = \alpha_1;\ (l_1 - l_4)\,\rho_4^2 = \alpha_4;\ l_1 + l_4 = \beta_1 \quad \text{und}$$
$$(l_5 - l_2)\,\rho_2^2 = \alpha_2;\ (l_5 - l_2)\,\rho_5^2 = \alpha_5;\ l_5 + l_2 = \beta_2;$$
$$\text{also } 2l_1 = \beta_1 + \sqrt{\alpha_1\alpha_4};\ 2l_4 = \beta_1 - \sqrt{\alpha_1\alpha_4}$$
$$\text{und } 2l_2 = \beta_2 - \sqrt{\alpha_2\alpha_5};\ 2l_5 = \beta_2 + \sqrt{\alpha_2\alpha_5};$$

in Gleichung (6) aber wurde gesetzt:

$$(l_1 - l_5)\,\rho_1^2 = \alpha_1;\ (l_1 - l_5)\,\rho_4^2 = \alpha_4;\ l_1 + l_5 = \beta_1 \quad \text{und}$$
$$(l_4 - l_2)\,\rho_2^2 = \alpha_2;\ (l_4 - l_2)\,\rho_5^2 = \alpha_5;\ l_4 + l_2 = \beta_2;$$
$$\text{also } 2l_1 = \beta_1 + \sqrt{\alpha_1\alpha_4};\ 2l_5 = \beta_1 - \sqrt{\alpha_1\alpha_4}$$
$$\text{und } 2l_2 = \beta_2 - \sqrt{\alpha_2\alpha_5};\ 2l_4 = \beta_2 + \sqrt{\alpha_2\alpha_5}.$$

Aus den Gleichungen (III) und (III_a) folgt die Realität der Complexkegel und -Curven sämmtlicher Eckpunkte und Flächen der beiden angewendeten Coordinatentetraeder.

Wir haben somit die Gleichungen der Complexe dritter und vierter Art bei Anwendung von zwei Coordinatentetraedern auf die Form:

$$(a) \sum_{i=1}^{i=6} \alpha_i x_i^2 + 2\beta_1 x_1 x_4 + 2\beta_2 x_2 x_5 + 2\beta_3 x_3 x_6 = 0$$

gebracht, worin $\alpha_1 \ldots . \alpha_6$ und β_1, β_2, β_3 beliebige Constanten bedeuten; zugleich haben wir die reellen Wurzeln l_1, l_2, l_4 und l_5 der Discriminante des zu Grunde gelegten Büschels von Complexengeweben durch die Constanten der Gleichung (a) ausgedrückt.

Ist nun eine Gleichung von der Form (a) mit vorgeschriebenen Constanten gegeben, so können wir nach den bisherigen Ausführungen leicht entscheiden, ob der durch diese Gleichung dargestellte Complex zu den Arten III_a oder III_b oder zur vierten Art gehört. Zunächst ergiebt sich nämlich direct aus den Gleichungen (5) und (6), dass der durch die Gleichung (a) dargestellte Complex nur dann zu einer der angeführten Arten gehört, wenn von den Producten $\alpha_1 \alpha_4$, $\alpha_2 \alpha_5$ und $\alpha_3 \alpha_6$ eines negativ und die beiden anderen positiv sind. Bezeichnen wir daher mit a_i, a_{i+3} und α_k, α_{k+3}, für i, k = 1, 2 oder 3 und $i \neq k$, je zwei der Constanten, für welche die Producte $\alpha_i \, . \, \alpha_{i+3}$ und $\alpha_k \, . \, \alpha_{k+3}$ beide positiv sind, so ergiebt sich aus den Gleichungen (I), (I_a), (II), (II_a), (III) und (III_a) und aus den für l_1, l_2, l_4 und l_5 gefundenen Werten das folgende:

«Der durch die Gleichung (a) dargestellte Complex ist von der vierten Art, wenn die vier Constanten α_i, α_{i+3}, α_k und α_{k+3} gleiches Zeichen besitzen und wenn zugleich $\beta_i + \sqrt{\alpha_i \alpha_{i+3}}$ und $\beta_k + \sqrt{\alpha_k \alpha_{k+3}} > \beta_i - \sqrt{\alpha_i \alpha_{i+3}}$ und $\beta_k - \sqrt{\alpha_k \alpha_{k+3}}$; er ist von der Art III_a, wenn entweder 1) wie vorher die vier Constanten α_i, α_{i+3} und α_k, α_{k+3} gleiches Zeichen besitzen und zugleich $\beta_i + \sqrt{\alpha_i \alpha_{i+3}} > \beta_i - \sqrt{\alpha_i \alpha_{i+3}} > \beta_k + \sqrt{\alpha_k \alpha_{k+3}} > \beta_k - \sqrt{\alpha_k \alpha_{k+3}}$, oder wenn 2) α_i und a_{i+3} nicht dasselbe Zeichen besitzen wie α_k und α_{k+3} und wenn zugleich

$\beta_i + \sqrt{\alpha_i \alpha_{i+3}} > \beta_k + \sqrt{\alpha_k . \alpha_{k+3}} > \beta - \sqrt{\alpha_k \alpha_{k+3}} > \beta_i - \sqrt{\alpha_i \alpha_{i+3}}$. Die Gleichung stellt endlich einen Complex von der Art III_b dar, wenn wieder wie im letzten Falle α_i und α_{i+3} nicht dasselbe Zeichen besitzen wie α_k und α_{k+3} und wenn die Ungleichungen bestehen: $\beta_i + \sqrt{\alpha_i \alpha_{i+3}} > \beta_k + \sqrt{\alpha_k \alpha_{k+3}}$ und $\beta_i - \sqrt{\alpha_i \alpha_{i+3}}$ und letztere $> \beta_k - \sqrt{\alpha_k \alpha_{k+3}}$.»

Die Complexe fünfter, sechster, siebenter und achter Art.

Wir gehen jetzt dazu über, die vereinfachten Gleichungen derjenigen Complexe zu bestimmen, welche wir erhalten, wenn alle sechs Doppelcomplexe des Büschels von Complexengeweben:

$$(l_1 - \lambda) P_1^2 + (l_2 - \lambda) P_2^2 + (l_3 - \lambda) P_3^2 - (l_4 - \lambda) P_4^2 - (l_5 - \lambda) P_5^2 - (l_6 - \lambda) P_6^2 = 0$$

reell sind.

Die Gleichung des Hauptgewebes ist:

$$P_1^2 + P_2^2 + P_3^2 - P_4^2 - P_5^2 - P_6^2 = 0.$$

Aus ganz denselben Betrachtungen wie den beim hyperbolischen Complex angestellten ergiebt sich nun, dass irgend drei Complexengewebe wie z. B.:

(a) $P_1 + P_6 = 0$; $P_2 + P_4 = 0$; $P_3 + P_5 = 0$ oder

(b) $P_1 - P_6 = 0$; $P_2 - P_4 = 0$; $P_3 - P_5 = 0$,

deren Gleichungen zusammen die Gleichung des Hauptgewebes befriedigen, auf speciellen Complexen ruhen, deren Axen durch einen Punkt gehen oder in einer Ebene liegen; und zwar ergiebt sich weiter, dass die Axen der speciellen Complexe, auf welchen die Gewebe (b) ruhen, durch einen Punkt (A) gehen, wenn die Axen der speciellen Complexe, auf welchen die Gewebe (a) ruhen, in einer Ebene (ε) liegen, und umgekehrt; und dass der Punkt A stets ausserhalb der Ebene ε liegen muss. Wir können daher die Axen der sechs speciellen Complexe, auf welchen die Gewebe $P_1 \pm P_6 = 0$; $P_2 \pm P_4 = 0$; $P_3 \pm P_5 = 0$ ruhen, als Kanten eines Coordinatentetraeders annehmen.

Es ergeben sich nun im Ganzen sechs solcher Coordinatentetraeder, wenn wir die Axen der sechs speciellen Complexe, auf welchen die Gewebe:

1) $P_1 \pm P_4 = 0; P_2 \pm P_5 = 0; P_3 \pm P_6 = 0$

oder 2) $P_1 \pm P_4 = 0; P_2 \pm P_6 = 0; P_3 \pm P_5 = 0$

» 3) $P_1 \pm P_5 = 0; P_2 \pm P_4 = 0; P_3 \pm P_6 = 0$

» 4) $P_1 \pm P_5 = 0; P_2 \pm P_6 = 0; P_3 \pm P_4 = 0$

» 5) $P_1 \pm P_6 = 0; P_2 \pm P_4 = 0; P_3 \pm P_5 = 0$

» 6) $P_1 \pm P_6 = 0; P_2 \pm P_5 = 0; P_3 \pm P_4 = 0$

ruhen, als Kanten annehmen; dabei sind dann die Axen der speciellen Complexe, auf welche sich je zwei Gewebe $P_i + P_k = 0$ und $P_i - P_k = 0$, für $i = 1, 2$ oder 3 und $k = 4, 5$ oder 6, stützen, also gegenüberstehende Kanten zu nehmen.

Es wird sich nun ergeben, dass sich bei Anwendung jedes der sechs angeführten Coordinatentetraeder die Gleichungen der Complexe fünfter, sechster, siebenter u. achter Art auf die Form:

$$\sum_{i=1}^{i=6} \alpha_i x_i^2 + 2\beta_1 x_1 x_4 + 2\beta_2 x_2 x_5 + 2\beta_3 x_3 x_6 = 0$$

bringen lassen. Diese sechs Tetraeder sind dann auch zugleich die einzigen, für welche die Complexgleichung diese einfache Form annimmt (vergl. Herrn F. Klein, Math. Annal., Bd. II, S. 206 und S. 222); es sind dies die sechs reellen Fundamentaltetraeder, welche man erhält, wenn die Fundamentalcomplexe des zu Grunde gelegten Büschels von Complexengeweben alle reell sind; je zwei gegenüberstehende Kanten dieser Tetraeder sind einander gegenseitig entsprechende Polaren in Bezug auf den Complex.

I.

Wir erhalten nun den [imaginären] Complex achter Art, wenn von den sechs Grössen l_1, l_2, l_3, l_4, l_5 und l_6 die drei ersteren alle grösser oder kleiner sind als die drei letzteren (siehe Herrn Reye Crelle's Journ., Bd. 98, S. 297). Nehmen wir etwa das erste der oben angegebenen Coordinatentetraeder und setzen demgemäss:

$$P_1 \pm P_4 = \rho_1 x_1;\ P_2 \pm P_5 = \rho_2 x_2;\ P_3 \pm P_6 = \rho_3 x_3;$$
$$P_1 \mp P_4 = \rho_4 x_4;\ P_2 \mp P_5 = \rho_5 x_5;\ P_3 \mp P_6 = \rho_6 x_6;$$

also $2P_1 = \rho_1 x_1 + \rho_4 x_4;\ \mp 2P_4 = \rho_1 x_1 - \rho_4 x_4; \ldots$; so ergiebt sich aus der Gleichung:

$$l_1 P_1^2 + l_2 P_2^2 + l_3 P_3^2 - l_4 P_4^2 - l_5 P_5^2 - l_6 P_6^2 = 0$$

die folgende:

$$l_1(\rho_1 x_1 + \rho_4 x_4)^2 + l_2(\rho_2 x_2 + \rho_5 x_5)^2 + l_3(\rho_3 x_3 + \rho_6 x_6)^2$$
$$- l_4(\rho_1 x_1 - \rho_4 x_4)^2 - l_5(\rho_2 x_2 - \rho_5 x_5)^2 - l_6(\rho_3 x_3 - \rho_6 x_6)^2 = 0$$

oder

$$(1)\quad \rho_1^2(l_1 - l_4)x_1^2 + \rho_2^2(l_2 - l_5)x_2^2 + \rho_3^2(l_3 - l_6)x_3^2$$
$$+ \rho_4^2(l_1 - l_4)x_4^2 + \rho_5^2(l_2 - l_5)x_5^2 + \rho_6^2(l_3 - l_6)x_6^2$$
$$+ 2(l_1 + l_4)\rho_1\rho_4 x_1 x_4 + 2(l_2 + l_5)\rho_2\rho_5 x_2 x_5$$
$$+ 2(l_3 + l_6)\rho_3\rho_6 x_3 x_6 = 0.$$

Setzt man in dieser Gleichung:

$$(2)\left\{\begin{array}{lll} \rho_1^2(l_1 - l_4) = a_1; & \rho_2^2(l_2 - l_5) = a_2; & \rho_3^2(l_3 - l_6) = a_3; \\ \rho_4^2(l_1 - l_4) = a_4; & \rho_5^2(l_2 - l_5) = a_5; & \rho_6^2(l_3 - l_6) = a_6; \\ \rho_1\rho_4(l_1 + l_4) = b_1; & \rho_2\rho_5(l_2 + l_5) = b_2; & \rho_3\rho_6(l_3 + l_6) = b_3; \end{array}\right.$$

wobei $\rho_1\rho_4 = \rho_2\rho_5 = \rho_3\rho_6 = 1$ ist,

so erhält man als Gleichung des Complexes achter Art:

$$(3)\quad a_1 x_1^2 + a_2 x_2^2 + a_3 x_3^2 + a_4 x_4^2 + a_5 x_5^2 + a_6 x_6^2$$
$$+ 2b_1 x_1 x_4 + 2b_2 x_2 x_5 + 2b_3 x_3 x_6 = 0,$$

worin die Constanten $a_1 \ldots a_6$ gleiches Vorzeichen haben. Nehmen wir $\sqrt{a_1 a_4}$, $\sqrt{a_2 a_5}$ und $\sqrt{a_3 a_6}$ positiv an, so ergiebt sich aus den Gleichungen (2):

$$l_1 - l_4 = \pm\sqrt{a_1 a_4};\ l_1 + l_4 = b_1; \ldots\ldots;$$

also

$$2l_1 = b_1 \pm \sqrt{a_1 a_4};\ 2l_2 = b_2 \pm \sqrt{a_2 a_5};\ 2l_3 = b_3 \pm \sqrt{a_3 a_6};$$
$$2l_4 = b_1 \mp \sqrt{a_1 a_4};\ 2l_5 = b_2 \mp \sqrt{a_2 a_5};\ 2l_6 = b_3 \mp \sqrt{a_3 a_6};$$

folglich

$$b_1 + \sqrt{a_1 a_4},\ b_2 + \sqrt{a_2 a_5},\ b_3 + \sqrt{a_3 a_6} > b_1 - \sqrt{a_1 a_4},$$
$$b_2 - \sqrt{a_2 a_5},\ b_3 - \sqrt{a_3 a_6}.$$

Nehmen wir ein anderes der angegebenen sechs Coordinatenfetraeder, etwa dasjenige, dessen Kanten von den

Axen der speciellen Complexe gebildet werden, auf welchen die Gewebe $P_1 \pm P_6 = 0$, $P_2 \pm P_4 = 0$, $P_3 \pm P_5 = 0$ ruhen, so erhalten wir die der Gleichung (1) entsprechende Gleichung:

$$(1_a) \quad \rho_1^2 (l_1 - l_6) x_1^2 + \rho_2^2 (l_2 - l_4) x_2^2 + \rho_3^2 (l_3 - l_5) x_3^2 + \rho_4^2 (l_1 - l_6) x_4^2 + \rho_5^2 (l_2 - l_4) x_5^2 + \rho_6^2 (l_3 - l_5) x_6^2 + 2\rho_1 \rho_4 (l_1 + l_6) x_1 x_4 + 2\rho_2 \rho_5 (l_2 + l_4) x_2 x_5 + 2\rho_3 \rho_6 (l_3 + l_5) x_3 x_6 = 0.$$

Setzen wir hierin

$$\rho_1^2 (l_1 - l_6) = a_1^1; \; \rho_4^2 (l_1 - l_6) = a_4^1; \; \rho_1 \rho_4 (l_1 + l_6) = b_1^1;$$
$$\ldots\ldots\ldots\ldots\ldots\ldots,$$

so ergiebt sich die Gleichung:

$$(3_a) \quad a_1^1 x_1^2 + a_2^1 x_2^2 + a_3^1 x_3^2 + a_4^1 x_4^2 + a_5^1 x_5^2 + a_6^1 x_6^2 + 2 b_1^1 x_1 x_4 + 2 b_2^1 x_2 x_5 + 2 b_3^1 x_3 x_6 = 0,$$

deren Constanten wieder den Bedingungen genügen:

$$b_1^1 + \sqrt{a_1^1 a_4^1}, \; b_2^1 + \sqrt{a_2^1 a_5^1}, \; b_3^1 + \sqrt{a_3^1 a_6^1} > b_1^1 - \sqrt{a_1^1 a_4^1}, \; b_2^1 - \sqrt{a_2^1 a_5^1}, \; b_3^1 - \sqrt{a_3^1 a_6^1};$$

dabei besitzen $a_1^1 \ldots a_6^1$ gleiches Zeichen.

Die gleichen Resultate erhalten wir bei Anwendung der vier übrigen angegebenen Coordinatentetraeder; es ergiebt sich also:

«Die Gleichung

$$\sum_{i=1}^{i=6} \alpha_i x_i^2 + 2\beta_1 x_1 x_4 + 2\beta_2 x_2 x_5 + 2\beta_3 x_3 x_6 = 0$$

stellt allemal und nur dann einen Complex achter Art dar, wenn die Constanten $\alpha_1 \ldots \alpha_6$ gleiches Vorzeichen haben und wenn ausserdem die Ungleichungen bestehen:

$$\beta_1 + \sqrt{\alpha_1 \alpha_4}, \; \beta_2 + \sqrt{\alpha_2 \alpha_5}, \; \beta_3 + \sqrt{\alpha_3 \alpha_6} > \beta_1 - \sqrt{\alpha_1 \alpha_4}, \; \beta_2 - \sqrt{\alpha_2 \alpha_5}, \; \beta_3 - \sqrt{\alpha_3 \alpha_6}».$$

Aus den Gleichungen (3) und (3_a) ersehen wir, dass die Complexkegel und Complexcurven sämmtlicher Ecken resp. Ebenen der Coordinatentetraeder imaginär sind, ein Resultat, dass wir voraussehen konnten, da der Complex achter Art überhaupt keine reellen Strahlen enthält.

II.

Den Complex siebenter Art erhalten wir, wenn z. B. l_1 und $l_2 > l_4 > l_3 > l_5$ und l_6. Dieselbe Art von Complexen ergiebt sich, wenn wir in diesen Ungleichungen die Indices 1, 2, 3 mit 4, 5, 6 oder mit einander vertauschen; diese Bemerkung gilt auch für die noch zu betrachtenden Arten von Complexen, bei welchen wir, wie auch hier schon, der Kürze wegen nur eine von den Ungleichungen betrachten werden, für die wir dieselbe Art von Complexen erhalten.

Bei vieren von den oben angegebenen Coordinatentetraedern ergiebt sich nun dieselbe Gleichungsform wie beim Complexe achter Art, nämlich:

$$(1)\quad \alpha_1 x_1^2 + \alpha_2 x_2^2 + \alpha_3 x_3^2 + \alpha_4 x_4^2 + \alpha_5 x_5^2 + \alpha_6 x_6^2 + 2\beta_1 x_1 x_4 + 2\beta_2 x_2 x_5 + 2\beta_3 x_3 x_6 = 0,$$

worin $\alpha_1 \ldots . \alpha_6$ positiv sind. Die Complexkegel aller Eckpunkte und die Complexcurven aller Flächen dieser Tetraeder sind demnach imaginär. Setzen wir jedoch:

$$P_1 \pm P_5 = \rho_1 x_1;\ P_2 \pm P_6 = \rho_2 x_2;\ P_3 \pm P_4 = \rho_3 x_3;$$
$$P_1 \mp P_5 = \rho_4 x_4;\ P_2 \mp P_6 = \rho_5 x_5:\ P_3 \mp P_4 = \rho_6 x_6,$$
$$\text{also } 2P_1 = \rho_1 x_1 + \rho_4 x_4;\ \pm 2P_5 = \rho_1 x_1 - \rho_1 x_4;\ \ldots;$$

so ergiebt sich

$$l_1 (\rho_1 x_1 + \rho_4 x_4)^2 + l_2 (\rho_2 x_2 + \rho_5 x_5)^2 + l_3 (\rho_3 x_3 + \rho_6 x_6)^2 - l_4 (\rho_3 x_3 - \rho_6 x_6)^2 - l_5 (\rho_1 x_1 - \rho_4 x_4)^2 - l_6 (\rho_2 x_2 - \rho_5 x_5)^2 = 0$$

oder

$$\rho_1^2 (l_1 - l_5) x_1^2 + \rho_2^2 (l_2 - l_6) x_2^2 + \rho_3^2 (l_3 - l_4) x_3^2 + \rho_4^2 (l_1 - l_5) x_4^2 + \rho_5^2 (l_2 - l_6) x_5^2 + \rho_6^2 (l_3 - l_4) x_6^2 + 2 (l_1 + l_5) x_1 x_4 + 2 (l_2 + l_6) x_2 x_5 + 2 (l_3 + l_4) x_3 x_6 = 0.$$

Berücksichtigen wir, dass $l_3 - l_4 < 0$, $l_1 - l_5 > 0$ und $l_2 - l_6 > 0$, so können wir die letzte Gleichung schreiben:

$$(2)\quad \alpha_1 x_1^2 + \alpha_2 x_2^2 - \alpha_3 x_3^2 + \alpha_4 x_4^2 + \alpha_5 x_5^2 - \alpha_6 x_6^2 + 2\beta_1 x_1 x_4 + 2\beta_2 x_2 x_5 + 2\beta_3 x_3 x_6 = 0,$$

worin $\alpha_1 \ldots . \alpha_6$ positiv sind. Alle Ecken und Ebenen dieses Coordinatentetraeders haben reelle Complexkegel resp. -Curven.

Für das Coordinatentetraeder, dessen Kanten von den Trägern der speciellen Complexe gebildet werden, auf welche die Gewebe $P_1 \pm P_6 = 0$, $P_2 \pm P_5 = 0$, $P_3 \pm P_4 = 0$ sich stützen, ergiebt sich dieselbe Form der Gleichung wie vorher, so dass auch in diesem Falle sämmtliche Ecken und Flächen des Tetraeders reelle Complexkegel resp. -Curven besitzen.

Wenn wir wieder die Grössen $l_1 \ldots . l_6$ durch die Constanten der transformierten Gleichung (1) ausdrücken, so erhalten wir l_1, l_2 und l_3 bestimmt durch $\beta_1 + \sqrt{\alpha_1 \alpha_4}$, $\beta_2 + \sqrt{\alpha_2 \alpha_5}$ und $\beta_3 + \sqrt{\alpha_3 \alpha_6}$, während l_4, l_5 und l_6 je nach Wahl des Coordinatentetraeders einer der drei Differenzen $\beta_1 - \sqrt{\alpha_1 \alpha_4}$, $\beta_2 - \sqrt{\alpha_2 \alpha_5}$ oder $\beta_3 - \sqrt{\alpha_3 \alpha_6}$ gleich werden. Es bestehen also, da l_1 und $l_2 > l_4 > l_3 > l_5$ und l_6, zwischen den Coefficienten der Gleichung (1) die Ungleichungen $\beta_1 + \sqrt{\alpha_1 \alpha_4}$ und $\beta_2 + \sqrt{\alpha_2 \alpha_5} > \beta_1 - \sqrt{\alpha_1 \alpha_4} > \beta_3 + \sqrt{\alpha_3 \alpha_6} > \beta_2 - \sqrt{\alpha_2 \alpha_5}$ und $\beta_3 - \sqrt{\alpha_3 \alpha_6}$. Für das Coordinatentetraeder dagegen, für welches oben die Transformation in die Gleichung (2) durchgeführt ist, ergiebt sich:

$$\rho_1^2 (l_1 - l_5) = \alpha_1; \quad \rho_2^2 (l_2 - l_6) = \alpha_2; \quad \rho_3^2 (l_4 - l_3) = \alpha_3;$$
$$\rho_4^2 (l_1 - l_5) = \alpha_4; \quad \rho_5^2 (l_2 - l_6) = \alpha_5; \quad \rho_6^2 (l_4 - l_3) = \alpha_6;$$
$$\rho_1 \rho_4 (l_1 + l_5) = \beta_1; \quad \rho_2 \rho_5 (l_2 + l_6) = \beta_2; \quad \rho_3 \rho_6 (l_4 + l_3) = \beta_3;$$

also

$$2l_1 = \beta_1 + \sqrt{\alpha_1 \alpha_4}; \quad 2l_2 = \beta_2 + \sqrt{\alpha_2 \alpha_5}; \quad 2l_3 = \beta_3 - \sqrt{\alpha_3 \alpha_6}$$
$$2l_5 = \beta_1 + \sqrt{\alpha_1 \alpha_4}; \quad 2l_6 = \beta_2 - \sqrt{\alpha_2 \alpha_5}; \quad 2l_4 = \beta_3 + \sqrt{\alpha_3 \alpha_6}.$$

Es bestehen demnach die Ungleichungen

$$\beta_1 + \sqrt{\alpha_1 \alpha_4},\ \beta_2 + \sqrt{\alpha_2 \alpha_5} > \beta_3 + \sqrt{\alpha_3 \alpha_6} > \beta_3 - \sqrt{\alpha_3 \alpha_6}$$
$$> \beta_1 - \sqrt{\alpha_1 \alpha_4},\ \beta_2 - \sqrt{\alpha_2 \alpha_5},$$

und dasselbe Resultat erhalten wir für das andere Coordinatentetraeder, bei welchem die Gleichung des Complexes die Form (2) annimmt.

Es gilt daher das Folgende:

«Die Gleichung

$$\sum_{i=1}^{i=6} \alpha_i x_i^2 + 2\beta_1 x_1 x_4 + 2\beta_2 x_2 x_5 + 2\beta_3 x_3 x_6 = 0$$

stellt einen Complex siebenter Art dar, wenn 1) die Constanten $\alpha_1 \ldots . \alpha_6$ gleiches Zeichen haben und wenn ausserdem

$$\text{(a)}\ \beta_1 + \sqrt{\alpha_1 \alpha_4} \text{ und } \beta_2 + \sqrt{\alpha_2 \alpha_5} > \beta_1 - \sqrt{\alpha_1 \alpha_4}$$
$$> \beta_3 + \sqrt{\alpha_3 \alpha_6} > \beta_2 - \sqrt{\alpha_2 \alpha_5} \text{ und } \beta_3 - \sqrt{\alpha_3 \alpha_6};$$

oder wenn (2) zwei der Constanten $\alpha_1 \ldots . \alpha_6$, und zwar immer α_i und α_{i+3} für $i = 1$, 2 oder 3 das entgegengesetzte Zeichen haben wie die vier übrigen und wenn zugleich

$$\text{(b)}\quad \beta_1 + \sqrt{\alpha_1 \alpha_4} \text{ und } \beta_2 + \sqrt{\alpha_2 \alpha_5} > \beta_3 + \sqrt{\alpha_3 \alpha_6}$$
$$> \beta_3 - \sqrt{\alpha_3 \alpha_6} > \beta_1 - \sqrt{\alpha_1 \alpha_4} \text{ und } \beta_2 - \sqrt{\alpha_2 \alpha_5}».$$

Man erhält natürlich ebenfalls den Complex siebenter Art, wenn statt der Ungleichungen (a) oder (b) solche bestehen, die sich ergeben, wenn man in (a) oder in (b) die Indices 1, 4 mit 2, 5 oder 3, 6 vertauscht.

III.

Den Complex sechster Art erhalten wir, wenn z. B. l_1 und $l_2 > l_4$ und l_5 und letztere $> l_3$ und l_6. Wenn $l_3 > l_6$ ist, so kann die Gleichung dieses Complexes zwei Formen annehmen. Für die beiden Coordinatentetraeder, welche von den Axen der speciellen Complexe gebildet werden, auf die sich die Gewebe $P_1 \pm P_4 = 0$, $P_2 \pm P_5 = 0$, $P_3 \pm P_6 = 0$ oder die Gewebe $P_1 \pm P_5 = 0$, $P_2 \pm P_4 = 0$, $P_3 \pm P_6 = 0$ stützen, ergiebt sich nämlich, wenn wir mit $\alpha_1 \ldots . \alpha_6$ positive Constanten bezeichnen, nach den früher angewendeten Methoden als Complexgleichung:

$$\text{(1)}\ \alpha_1 x_1^2 + \alpha_2 x_2^2 + \alpha_3 x_3^2 + \alpha_4 x_4^2 + \alpha_5 x_5^2 + \alpha_6 x_6^2$$
$$+ 2\beta_1 x_1 x_4 + 2\beta_2 x_2 x_5 + 2\beta_3 x_3 x_6 = 0,$$

während wir bei Anwendung der vier anderen Coordinatentetraeder Gleichungen von der Form erhalten:

$$\text{(2)}\ \alpha_1 x_1^2 + \alpha_2 x_2^2 - \alpha_3 x_3^2 + \alpha_4 x_4^2 + \alpha_5 x_5^2 - \alpha_6 x_6^2$$
$$+ 2\beta_1 x_1 x_4 + 2\beta_2 x_2 x_5 + 2\beta_3 x_3 x_6 = 0,$$

worin also zwei Quadrate mit dem negativen Zeichen vorkommen und zwar allemal die Quadrate von zwei solchen Coordinaten, die sich auf zwei Gegenkanten des Fundamentaltetraeders beziehen.

Wenn $l_3 < l_6$ ist, so erhalten wir für alle sechs Coordinatentetraeder die Gleichungsform (2).

Sind also l_1 und $l_2 > l_4$ und l_5 und letztere $> l_3 > l_6$, so lässt sich, wie eben gefunden wurde, die Gleichung des Gomplexes sechster Art bei Anwendung von zwei Coordinatentetraedern auf die Form (1) bringen. Die Ecken und Flächen dieser Coordinatentetraeder haben demnach imaginäre Complexkegel resp. Complexcurven, und wir erhalten in diesem Falle den Complex von der Art VI$_a$, welcher auch imaginäre Complexkegel und -Curven besitzt, während seine Singularitätenfläche stets reell ist.

Wenn l_1 und $l_2 > l_4$, l_5, l_6 und letztere $> l_3$, wenn also die Constanten l_4, l_5, l_6 in der Grössenfolge ungetrennt auf einander folgen, so erhalten wir den Complex von der Art VI$_b$, dessen Singularitätenfläche imaginär ist, während er für alle Punkte und Ebenen des Raumes reelle Complexkegel resp. -Curven besitzt.

In derselben Weise wie bei den vorher betrachteten Arten von Complexen können wir auch bei den Complexen sechster Art die Constanten $l_1 \ldots . l_6$ durch die Coefficienten der transformierten Gleichung ausdrücken. Um nicht immer dieselben Rechnungen durchzuführen, wollen wir nur die Resultate angeben. Es ergiebt sich:

«Die Gleichung

$$\sum_{i=1}^{i=6} \alpha_i x_i^2 + 2\beta_1 x_1 x_4 + 2\beta_2 x_2 x_5 + 2\beta_3 x_3 x_6 = 0$$

stellt einen Complex von der Art VI$_a$ dar, wenn 1) $\alpha_1 \ldots \alpha_6$ gleiches Zeichen besitzen und wenn zugleich $\beta_1 + \sqrt{\alpha_1 \alpha_4}$, $\beta_2 + \sqrt{\alpha_2 \alpha_5} > \beta_1 - \sqrt{\alpha_1 \alpha_4}$ und $\beta_2 - \sqrt{\alpha_2 \alpha_5}$ und letztere $> \beta_3 + \sqrt{\alpha_3 \alpha_6} > \beta_3 - \sqrt{\alpha_3 \alpha_6}$, oder wenn 2) zwei von den Constanten $\alpha_1 \ldots . \alpha_6$, und zwar immer α_i und a_{i+3}, für $i = 1, 2$ oder 3, das entgegengesetzte Zeichen haben wie die vier übrigen und wenn ausserdem die Ungleichungen bestehen: $\beta_1 + \sqrt{\alpha_1\alpha_4}$, $\beta_2 + \sqrt{\alpha_2\alpha_5} > \beta_3 + \sqrt{\alpha_3\alpha_6}$ und $\beta_1 - \sqrt{\alpha_1\alpha_4}$ und letztere $> \beta_3 - \sqrt{\alpha_3\alpha_6} > \beta_2 - \sqrt{\alpha_2\alpha_5}$. Die Gleichung (a) stellt einen Complex von der Art VI_b dar, wenn, wie im vorhergehenden Falle, zwei der Constanten $\alpha_1 \ldots . \alpha_6$, und zwar immer α_i und α_{i+3}, für $i = 1$, 2 oder 3, das entgegengesetzte Zeichen besitzen wie die vier übrigen, und wenn ausserdem $\beta_1 + \sqrt{\alpha_1\alpha_4}$ und $\beta_2 + \sqrt{\alpha_2\alpha_5} > \beta_3 + \sqrt{\alpha_3\alpha_6}$, $\beta_1 - \sqrt{\alpha_1\alpha_4}$, $\beta_2 - \sqrt{\alpha_2\alpha_5}$ und letztere $> \beta_3 - \sqrt{\alpha_3\alpha_6}$.»

Auch hier ist zu bemerken, dass sich aus den angeführten Ungleichungen andere derselben Art von Complexen entsprechende ergeben, wenn die Indices 1, 4 mit 2, 5 oder 3, 6 vertauscht werden.

IV.

Analog verfahren wir bei den Complexen fünfter Art, die wir erhalten, wenn z. B.

(a) l_1 und $l_4 > l_2$ und l_5 und letztere $> l_3$ und l_6.

Wenn

$$(1) \qquad l_1 > l_4 > l_2 > l_5 > l_3 > l_6,$$

oder, was derselben Art von Complexen entspricht, wenn

$$(2) \qquad l_4 > l_1 > l_5 > l_2 > l_6 > l_3,$$

so erhalten wir bei Anwendung eines der sechs angegebenen Coordinatentetraeder für den Complex die Gleichung:

$$(3) \quad \alpha_1 x_1^2 + \alpha_2 x_2^2 + \alpha_3 x_3^2 + \alpha_4 x_4^2 + \alpha_5 x_5^2 + \alpha_6 x_6^2 + 2\beta_1 x_1 x_4 + 2\beta_2 x_2 x_5 + 2\beta_3 x_3 x_5 = 0,$$

worin die Coefficienten $\alpha_1 \ldots . \alpha_6$ gleiches Zeichen haben. Bei Anwendung der fünf anderen Coordinatentetraeder ergiebt sich für den Complex eine Gleichung von der Form:

$$(4) \quad \alpha_1 x_1^2 + \alpha_2 x_2^2 - \alpha_3 x_3^2 + \alpha_4 x_4^2 + \alpha_5 x_5^2 - \alpha_6 x_6^2 + 2\beta_1 x_1 x_4 + 2\beta_2 x_2 x_5 + 2\beta_3 x_3 x_6 = 0.$$

Wenn die Grössen $l_1 \ldots . l_6$ nicht den Bedingungen (1) oder (2), sondern nur den Ungleichungen (a) genügen, wenn also z. B. $l_1 > l_4 > l_5 > l_2 > l_3 > l_6$, so erhält die Complexgleichung bezüglich jedes der sechs Coordinatentetraeder die Form, in welcher zwei Quadrate, und zwar allemal die Quadrate von solchen Coordinaten, die sich auf zwei Gegenkanten des Fundamentaltetraeders beziehen, das entgegengesetzte Zeichen besitzen wie die vier übrigen. Die Eckpunkte und Flächen der sechs Fundamentaltetraeder besitzen demnach reelle Complexkegel resp. -Curven, und wir haben in diesem Falle den Complex von der Art V_b, für welchen die Complexkegel und -Curven aller Punkte resp. Ebenen, sowie die Singularitätenfläche reell sind.

Wenn alle Constanten l_1, l_2, l_3 von einander in der Grössenfolge durch l_4, l_5, l_6 getrennt sind, so erhalten wir den Complex von der Art V_a. Seine Gleichung lässt sich, wie wir oben fanden, in einer einzigen Weise auf die Form (3) bringen. Für den Complex von der Art V_a giebt es daher immer ein Coordinatentetraeder, dessen Ecken und Flächen imaginäre Complexkegel resp. -Curven besitzen, und der Fall, den Herr Reye (siehe Crelle's Journ., Bd. 98, S. 299) als wahrscheinlich hingestellt hat, tritt also in der That ein: «Der Complex von der Art V_a enthält allemal nicht nur reelle, sondern auch imaginäre Complexkegel und -Curven.» Für diesen Complex allein kann die Singularitätenfläche sechszehn reelle Doppelpunkte und sechszehn reelle Doppelebenen besitzen.

Der Complex von der Art V_a ist parabolisch; folglich schneidet jede Gerade, die durch einen Punkt mit imaginärem Complexkegel geht, die Singularitätenfläche in mindestens zwei reellen Punkten. Denkt man sich daher durch irgend einen Eckpunkt des oben gefundenen Fundamentaltetraeders, für welches alle Eckpunkte imaginäre Complexkegel besitzen, beliebig viele Strahlen gelegt, so hat jeder derselben mit der Singularitätenfläche zwei reelle Punkte gemein; dieser Eckpunkt wird demnach von einem geschlossenen Teile der Singularitätenfläche umhüllt; alle Punkte innerhalb dieses Mantels besitzen imaginäre Complexkegel. Es lässt sich nun zeigen, dass je zwei der Eckpunkte des betrachteten Tetraeders, wie A_1 und A_2, durch die Schnittpunkte der sie verbindenden Kante $A_1 A_2$ mit der Singularitätenfläche harmonisch getrennt sind.

Bezeichnen nämlich $X_1 .. X_4$ die Coordinaten eines Punktes P bezüglich des oben genannten Coordinatentetraeders, so liegt (siehe Herrn Reye, Crelle's Journ., Bd. 97) der Punkt P auf einer beliebigen Geraden x_i, wenn die Gleichungen bestehen:

$$\text{(a)} \quad X_4 x_4 = X_3 x_2 - X_2 x_3; \; X_4 x_5 = X_1 x_3 - X_3 x_1; \\ X_4 x_6 = X_2 x_1 - X_1 x_2.$$

Die Polare x_i^1 eines speciellen Complexes x_i bezüglich des quadratischen Complexes:

$$\text{(b)} \quad a_1 x_1^2 + a_2 x_2^2 + a_3 x_3^2 + a_4 x_4^2 + a_5 x_5^2 + a_6 x_6^2 \\ + 2 b_1 x_1 x_4 + 2 b_2 x_2 x_5 + 2 b_3 x_3 x_6 = 0$$

hat nun die Coordinaten;

$$\text{(c)} \begin{cases} x_4^1 = a_1 x_1 + b_1 x_4; \; x_5^1 = a_2 x_2 + b_2 x_5; \; x_6^1 = a_3 x_3 + b_3 x_6; \\ x_1^1 = b_1 x_1 + a_4 x_4; \; x_2^1 = b_2 x_2 + a_5 x_5; \; x_3^1 = b_3 x_3 + a_6 x_6. \end{cases}$$

Wenn die Polare x_i^1 ein specieller Complex ist und wenn ihre Axe diejenige des homologen speciellen Complexes x_i schneidet, so erhalten wir einen Punkt der Singularitätenfläche. Wir drücken nun aus, dass ein Punkt $X_1 .. X_4$ auf den beiden Geraden x_i und x_i^1 liege und haben dann neben den Gleichungen (a) und (b) noch die folgenden:

$$\text{(d)} \quad X_4 x_4^1 = X_3 x_2^1 - X_2 x_3^1; \; X_4 x_5^1 = X_1 x_3^1 - X_3 x_1^1; \\ X_4 x_6^1 = X_2 x_1^1 - X_1 x_2^1.$$

Auf diese Weise ergeben sich dreizehn Gleichungen für die zwölf Unbekannten $x_1 \dots x_6$ und $x_1^1 \dots x_6^1$, nach deren Elimination wir die Gleichung der Singularitätenfläche erhalten.

Um die Schnittpunkte irgend einer Kante des Coordinatentetraeders mit der Singularitätenfläche zu finden, haben wir irgend zwei der Coordinaten $X_1 .. X_4$ Null zu setzen. Für $X_1 = 0$ und $X_2 = 0$ erhalten wir aus (a) und (d):

$$\text{(e)} \quad X_4 x_4 = X_3 x_2; \; X_4 x_5 = -X_3 x_1; \; x_6 = 0 \quad \text{und}$$

$$\text{(f)} \quad X_4 x_4^1 = X_3 x_2^1; \; X_4 x_5^1 = -X_3 x_1^1; \; x_6^1 = 0.$$

Setzen wir aus (c) die Werte von x_4^1 ..... in die Gleichungen (f) ein, so ergiebt sich:

$$X_4(a_1x_1 + b_1x_4) = X_3(b_2x_2 + a_5x_5)$$
$$X_4(a_2x_2 + b_2x_5) = -X_3(b_1x_1 + a_4x_4).$$

Aus (e) ergiebt sich: $x_4 = \frac{X_3}{X_4}x_2$; $x_5 = \frac{-X_3}{X_4}x_1$; setzen wir diese Werte in (g) ein, so erhalten wir:

$$a_1x_1 + b_1\frac{X_3}{X_4}x_2 = \frac{X_3}{X_4}\left(b_2x_2 - a_5\frac{X_3}{X_4}x_1\right)$$
$$a_2x_2 - b_3\frac{X_3}{X_4}x_1 = -\frac{X_3}{X_4}\left(b_1x_1 + a_4\frac{X_3}{X_4}x_2\right),$$

oder nach x_1 und x_2 geordnet:

$$\left(a_1 + a_5\frac{X_3^2}{X_4^2}\right)x_1 + (b_1 - b_2)\frac{X_3}{X_4}x_2 = 0 \qquad \text{und}$$
$$(b_1 - b_2)\frac{X_3}{X_4}x_1 + \left(a_2 + a_4\frac{X_3^2}{X_4^2}\right)x_2 = 0,$$

folglich:

$$\begin{vmatrix} a_1 + a_5\frac{X_3^2}{X_4^2} & (b_1 - b_2)\frac{X_3}{X_4} \\ (b_1 - b_2)\frac{X_3}{X_4} & a_2 + a_4\frac{X_3^2}{X_4^2} \end{vmatrix} = 0.$$

Aufgelöst und geordnet giebt dieses:

$$\left(\frac{X_3}{X_4}\right)^4 + \frac{1}{a_4a_5}[a_1a_4 + a_2a_5 - (b_1 - b_2)^2]\left(\frac{X_3}{X_4}\right)^2 + \frac{a_1a_2}{a_4a_5} = 0,$$

also:

$$\frac{X_3}{X_4} = \pm\sqrt{\frac{(b_1 - b_2)^2 - (a_1a_4 + a_2a_5) \pm \sqrt{[(b_1 - b_2)^2 - (a_1a_4 + a_2a_5)]^2 - 4a_1a_2a_4a_5}}{2a_4a_5}}$$

oder:

$$\frac{X_3}{X_4} = \pm\sqrt{\frac{(b_1-b_2)^2-(a_1a_4+a_2a_5) \pm \sqrt{[(b_1-b_2)^2-(\sqrt{a_1a_4}+\sqrt{a_2a_5})][(b_1-b_2)^2-(\sqrt{a_1a_4}-\sqrt{a_2a_5})^2]}}{2a_4a_5}}$$

worin $b_1 \pm \sqrt{a_1a_4} > b_2 \pm \sqrt{a_2a_5} > b_3 \pm \sqrt{a_3a_6}$ und folglich $(b_1 - b_2)^2 > (\sqrt{a_1a_4} \pm \sqrt{a_2a_5})^2$.

Wir erhalten daher mindestens zwei reelle Werte von $\frac{X_3}{X_4}$. Bezeichnen wir dieselben mit $+\lambda$ und $-\lambda$, so wird:

$$(h) \quad \begin{cases} X_3 - \lambda X_4 = 0 \\ X_3 + \lambda X_4 = 0. \end{cases}$$

Hieraus ergiebt sich folgendes: Durch die Gerade $X_3 = 0$, $X_4 = 0$ gehen vier harmonische Ebenen $X_3 = 0$, $X_4 = 0$, $X_3 - \lambda X_4 = 0$ und $X_3 + \lambda X_4 = 0$, welche die Gerade $X_1 = 0$, $X_2 = 0$ in zwei Eckpunkten (A_1 und A_2) des Coordinatentetraeders und in zwei Punkten der Singularitätenfläche schneiden. Die Punkte A_1 und A_2 sind demnach von einander harmonisch getrennt durch die Schnittpunkte (S_1 und S_2) der Geraden $A_1 A_2$ mit der Singularitätenfläche.

Dass übrigens alle vier Werte von $\frac{X_3}{X_4}$ reell sind oder, geometrisch ausgedrückt, dass die Gerade $A_1 A_2$ die Singularitätenfläche des Complexes in vier reellen Punkten schneidet, ergiebt sich leicht in folgender Weise: Der betrachtete Complex ist parabolisch und besitzt, wie wir gefunden haben, in den Eckpunkten des angewendeten Coordinatentetraeders imaginäre Complexkegel; die Gerade $A_1 A_2$ schneidet daher die Singularitätenfläche in mindestens zwei reellen Punkten S_1 und S_2. Wären dieses nun die einzigen reellen Schnittpunkte der Geraden $A_1 A_2$ mit der Singularitätenfläche, so würden, da sowohl A_1 als auch A_2 imaginäre Complexkegel besitzen, auf der ganzen Geraden keine Punkte mit reellen Complexkegeln existieren, ein Fall, der beim parabolischen Complex ausgeschlossen ist. Die Gerade $A_1 A_2$ schneidet daher die Singularitätenfläche noch in zwei anderen Punkten $S_1{}^1$ und $S_2{}^1$, welche ebenfalls nach dem vorher Bewiesenen durch die Punkte A_1 und A_2 harmonisch getrennt werden.

Jede Kante des betrachteten Tetraeders schneidet also die Singularitätenfläche in vier reellen Punkten, welche paarweise durch die auf diesen Kanten liegenden Eckpunkte harmonisch getrennt werden. Es ist daher wohl wahrscheinlich, dass die vier Eckpunkte des Tetraeders nicht in einem einzigen Mantel der Singularitätenfläche liegen, sondern dass sie von vier getrennten, oder, da die Singularitätenfläche auch sechszehn Doppelpunkte besitzen kann, von vier in Doppelpunkten zusammenstossenden Mänteln dieser Fläche umschlossen werden. Wahrscheinlich erhalten wir also beim Complex von der Art V_a vier durch die Singularitätenfläche von einander getrennte Räume, deren Punkte alle imaginäre Complexkegel besitzen.

Schliesslich ergiebt sich aus denselben Betrachtungen wie früher noch das folgende:

«Die Gleichung

$$(a) \sum_{i=1}^{i=6} \alpha_i x_i^2 + 2\beta_1 x_1 x_4 + 2\beta_2 x_2 x_5 + 2\beta_3 x_3 x_6 = 0$$

stellt einen Complex von der Art V_a dar, wenn (1) die Coefficienten $\alpha_1 \dots \alpha_6$ gleiches Vorzeichen haben und wenn ausserdem:

$$\beta_1 \pm \sqrt{\alpha_1 \alpha_4} > \beta_2 \pm \sqrt{\alpha_2 \alpha_5} > \beta_3 \pm \sqrt{\alpha_3 \alpha_6},$$

oder wenn (2) zwei der Coefficienten $\alpha_1 \dots \alpha_6$ und zwar immer α_i und α_{i+3}, für $i = 1, 2$ oder 3, das entgegengesetzte Zeichen besitzen wie die vier übrigen. Dabei muss zwischen den Coefficienten der Gleichung (a) eine Gruppe von Ungleichungen bestehen, welche je nach dem bei der Transformation verwendeten Coordinatentetraeder eine andere wird. Wir erhalten fünf Gruppen von Ungleichungen, von denen irgend eine für den Complex von der Art V_a erfüllt sein muss; keine dieser Gruppen lässt sich durch Vertauschung der Indices 1, 3 mit 2, 4 oder 3, 5 in eine andere derselben überführen. Da sich diese Gruppen von Ungleichungen leicht in derselben Weise wie früher ergeben, so wollen wir nur die eine anführen:

$$\beta_1 + \sqrt{\alpha_1 \alpha_4} > \beta_3 + \sqrt{\alpha_3 \alpha_6} > \beta_2 + \sqrt{\alpha_2 \alpha_5} > \beta_2 - \sqrt{\alpha_2 \alpha_5}$$
$$> \beta_3 - \sqrt{\alpha_3 \alpha_6} > \beta_1 - \sqrt{\alpha_1 \alpha_4},$$

aus der sich nun natürlich durch Vertauschung der Indices 1, 4 mit 2, 5 oder 3, 6 andere derselben Art von Complexen entsprechende Gruppen von Ungleichungen ableiten lassen.

Die Gleichung (a) stellt einen Complex von der Art V_b dar, wenn dieselbe Vorzeichenregel wie beim Complex von der Art V_a im Falle (2) besteht, und wenn ihre Coefficienten irgend einer von sechs Gruppen von Ungleichungen genügen, z. B. der folgenden:

$$\beta_1 \pm \sqrt{\alpha_1 \alpha_4} > \beta_2 \pm \sqrt{\alpha_2 \alpha_5} > \beta_3 \pm \sqrt{\alpha_3 \alpha_6},$$

für die wir den Complex von der Art V_a erhalten, wenn $\alpha_1 \dots \alpha_6$ gleiches Vorzeichen haben».

Wenn wir unsere Resultate noch kurz zusammenfassen, so haben wir die allgemeinen Gleichungen aller der von Herrn Reye gefundenenen Arten von quadratischen Strahlencomplexen bei Anwendung von geeigneten Coordinatentetraedern auf eine Form gebracht, in der neben den Quadraten der sechs Liniencoordinaten nur noch die Producte von je zwei solchen Coordinaten vorkommen, die gegenüberstehenden Kanten des Tetraeders entsprechen; eine Transformation, deren Möglichkeit schon von Herrn F. Klein a. a. O. nachgewiesen war. Uebereinstimmend mit diesem Autor haben wir die angegebene Vereinfachung der Complexgleichung für ein, oder zwei, oder sechs Coordinatentetraeder durchführen können, je nachdem höchstens zwei, oder vier, oder alle sechs Fundamentalcomplexe reell sind.

Aus der vereinfachten Gleichung des Complexes liessen sich Schlüsse auf die Realität der Complexkegel und -Curven machen, sowie einige Resultate bezüglich der Singularitätenfläche ableiten. Wir haben gefunden, dass jede Art von Complexen ausser den Complexen von den Arten III_b, V_b, VI_b und den Complexen achter Art allemal nicht nur reelle, sondern auch imaginäre Complexkegel und -Curven enthält.

In einigen Fällen ergiebt sich direct aus den Vorzeichen der vereinfachten Complexgleichung die Art des durch diese Gleichung dargestellten Complexes. Ist nämlich:

$$\text{(a)} \sum_{i=1}^{i=6} \alpha_i x_i^2 + 2\beta_1 x_1 x_4 + 2\beta_2 x_2 x_5 + 2\beta_3 x_3 x_6 = 0$$

die Complexgleichung, so haben wir das folgende gefunden: Die Producte $\alpha_1 \alpha_4$, $\alpha_2 \alpha_5$ und $\alpha_3 \alpha_6$ sind alle negativ beim hyperbolischen Complex; zwei von ihnen sind negativ beim Complex zweiter Art, eins ist negativ bei den Complexen dritter und vierter Art, keines ist negativ bei den Complexen fünfter, sechster, siebenter und achter Art.

Um noch die Complexe von den Arten III_a, III_b und IV, sowie die Complexe von den Arten V_a, V_b, VI_a, VI_b, VII und VIII von einander nach den Constanten ihrer Gleichungen unterscheiden zu können, haben wir die Coefficienten der Gleichung (a) durch die reellen Wurzelwerthe der Discriminante des Büschels von Complexengeweben ausgedrückt, in welchem die betrachteten Complexe enthalten sind. Aus den dabei erhaltenen Resultaten und aus den Vorzeichen der Complexgleichung haben wir Criterien aufgestellt, die uns in jedem gegebenen Falle mit Sicherheit erkennen lassen, welcher Art der durch die Gleichung

$$\alpha_1 x_1^2 + \alpha_2 x_2^2 + \alpha_3 x_3^2 + \alpha_4 x_4^2 + \alpha_5 x_5^2 + \alpha_6 x_6^2 + 2\beta_1 x_1 x_4 + 2\beta_2 x_2 x_5 + 2\beta_3 x_3 x_6 = 0$$

dargestellte Complex angehört.

VITA.

Am 19. April 1864 wurde ich als Sohn des Fleischermeisters August Arnoldt zu Tilsit in Ostpreussen geboren. Vom neunten Jahre an besuchte ich das Königliche Realgymnasium zu Tilsit und verliess diese Anstalt Ostern 1882 mit dem Zeugniss der Reife, um Mathemathik und Naturwissenschaften zu studieren. Zunächst studierte ich drei Semester in Berlin (1882—1883), ging dann auf zwei Semester nach Leipzig, kehrte wieder nach Berlin zurück und befinde mich seit dem Wintersemester 1885 in Strassburg. In Berlin besuchte ich die Vorlesungen der Herren Wangerin, Netto, Hettner, Kummer, Weierstrass, Fuchs, Eichler, Zeller und Paulsen. In Leipzig hörte ich bei den Herren C. Neumann, Mayer und E. Wiedemann, in Strassburg bei den Herren Reye, Christoffel, Kundt und Schering.

Die vorstehende Arbeit ist auf Anregung des Herrn Professor Reye entstanden, dem ich hiermit für seine vielfachen Rathschläge und Unterweisungen meinen herzlichsten Dank ausspreche.

Der Verfasser.

Strassburg, Buchdruckerei H. L. Kayser

Fig. 1

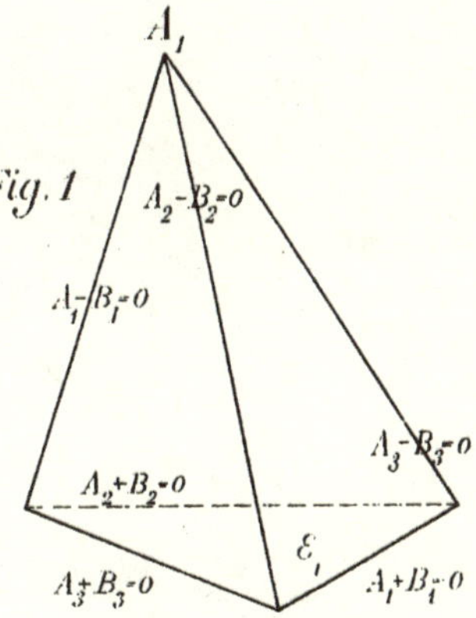

Fig. 2.

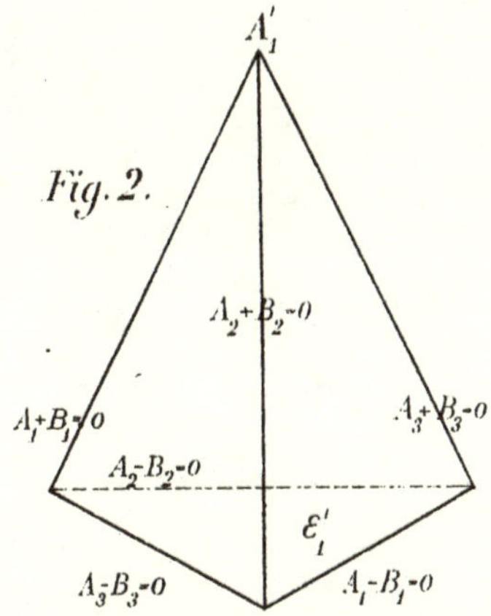

Fig. 3.

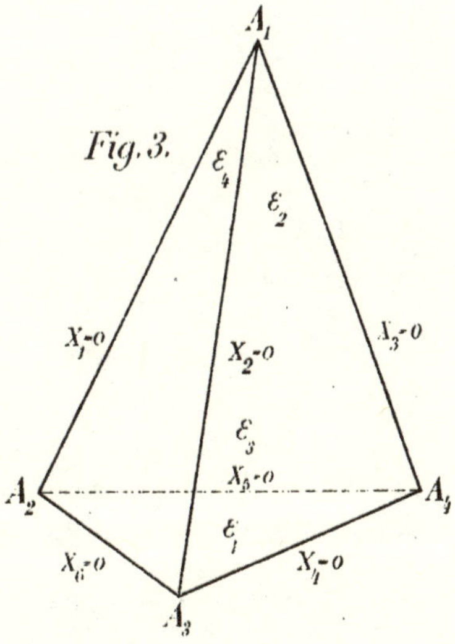

www.ingramcontent.com/pod-product-compliance
Lightning Source LLC
LaVergne TN
LVHW042253300926
849161LV00003B/580